爱上空气炸锅100天

少油·酥脆·美味！

人爱柴 著

辽宁科学技术出版社

·沈阳·

欢迎大家跟我一起
用空气炸锅做出好菜

大家好！我是人爱柴，一个爱窝在厨房玩料理的平凡妈妈，从小就很爱跟着爸妈进厨房当帮手，原本只爱做中餐，但生了老二后，选择离开职场，回归家庭。照顾小孩、整理家务之余，觉得自己的生活好像还可以多加些什么，于是，我爱上了烘焙。照顾家庭、小孩，做中餐、烘焙，让我每天生活得忙碌又充实。在厨房里从准备到完成，制作的过程，让我觉得很解压，而且，当家人和朋友们将我的料理吃光时，真的是很开心。

因为爱吃、爱做、爱分享，所以一开始在个人脸书分享日常料理，慢慢地，有越来越多朋友喜欢我的分享，所以在2018年我在脸书上成立了"爱柴的烘焙料理厨房"粉丝页，继续记录我家生活和厨房的一切，因此有机会跟更多朋友互动，我超级享受这个过程。

因为我爱待在厨房里，所以我家厨房工具也不会少，每种工具都有它的优点与缺点。有人一定会说，那不会很浪费钱吗？我却觉得，买了就好好使用，发挥它们的所长，一点都不浪费呢！你们说，是不是？

总是有人问我，为何会爱上空气炸锅呢？已经有烤箱了，干吗又买同样功能的空气炸锅，不会很多余吗？来来来！我跟大家说，虽然烤箱和空气炸锅的功能差不多，但空气炸锅的预热时间短、加热快，光这两点就让时间宝贵的妈妈们爱死了！想象一下，在热乎乎的厨房做菜，是多累人的一件事！若能有工具可以帮助你快速、轻松做菜，你还会觉得它是多余的吗？

  又有人会问，有了空气炸锅，是不是就可以不用买烤箱了呢？不！对于爱烘焙的我，烤箱同样是必需的，因为烤箱可以分别调整上下火，对需要比较精准控温的烘焙品来说，是很重要的。空气炸锅也可以做出烘焙品，但它一次的量太少，对喜欢一次想做大量的人来说，还是需要烤箱的；但若你只是个烘焙新手，偶尔想小量制作，那空气炸锅也是可以胜任的！

  当出版社找我讨论要出版空气炸锅料理工具书时，爱柴我真的超开心，但压力也不小，毕竟这些都是我家餐桌的日常料理，不过后来想想，家常料理更能贴近每个平凡的家庭。所以，在本书中我精选了100道空气炸锅料理，有简单的，有复杂一点儿的，希望大家跟我一样，可以用空气炸锅轻松做出好菜！

  最后，感谢大家支持这本书，爱柴会继续在"爱柴的烘焙料理厨房"上菜！欢迎大家多多来互动哦！

目录 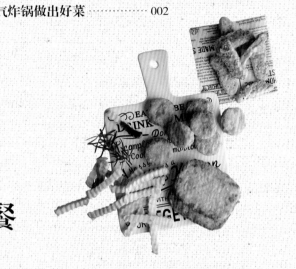 **Contents**

★ 作者序——欢迎大家跟我一起用空气炸锅做出好菜 …………… 002
★ 快速认识空气炸锅 …………… 009
★ 空气炸锅的使用技巧 …………… 011
★ 好用工具 …………… 015

Part 1　美味早午餐

01 太阳蛋吐司 …………… 020

02 枫糖法式吐司 …………… 021

03 气炸水煮蛋 …………… 022

04 带皮土豆条 …………… 023

05 气炸麦克鸡块 …………… 026

06 气炸薯饼 …………… 026

07 气炸薯条 …………… 027

08 气炸鸡柳条 …………… 027

09 洋葱圈 …………… 028

10 气炸带皮地瓜 …………… 030

11 焗烤西红柿 …………… 031

12 米热狗 …………… 033

13 伪葱油饼 …………… 034

14 布丁吐司 …………… 037

15 懒人比萨 …………… 039

16 三文鱼香酥饭团 …………… 041

Part 2　小吃、开胃菜

DAY 17　孜然七里香 ……… 044

DAY 18　气炸甜不辣 ……… 045

DAY 19　气炸鸡软骨 ……… 046

DAY 20　气炸糯米肠 ……… 047

DAY 21　气炸虾饼 ……… 048

DAY 22　椒盐芋头条 ……… 049

DAY 23　五香鸡皮 ……… 051

DAY 24　柠檬鸡柳条 ……… 052

DAY 25　气炸盐酥鸡 ……… 055

DAY 26　夜市烤玉米 ……… 057

DAY 27　小鱼干花生 ……… 059

Part 3　豪华肉料理

DAY 28　蜂蜜芥末鸡腿排佐蔬菜 ……… 062

DAY 29　南瓜梅香鸡 ……… 064

DAY 30　气炸鸡腿排 ……… 067

DAY 31　泰式椒麻鸡 ……… 068

DAY 32　气炸全鸡 ……… 070

DAY 33　脆皮香鸡排 ……… 072

DAY 34　豆乳鸡 ……… 074

DAY 35 韩式炸鸡 ········· 076

DAY 36 气炸意式香料鸡翅 ········· 078

DAY 37 法式迷迭香鸭胸 ········· 079

DAY 38 香酥芋头鸭 ········· 080

DAY 39 猪五花芦笋卷 ········· 082

DAY 40 猪五花豆腐卷 ········· 083

DAY 41 蜜汁猪五花卷玉米笋 ········· 085

DAY 42 孜然甜椒松阪猪 ········· 086

DAY 43 气炸香肠 ········· 087

DAY 44 蜜汁叉烧 ········· 089

DAY 45 气炸咸猪肉 ········· 091

DAY 46 气炸脆皮烧肉 ········· 092

DAY 47 气炸芝士猪排 ········· 094

DAY 48 骰子牛拌蔬菜 ········· 097

DAY 49 霜降牛排 ········· 099

DAY 50 咖喱迷迭香羊小排 ········· 101

Part 4　丰盛海鲜料理

DAY 51 气炸三文鱼 ········· 104

DAY 52 气炸鲭鱼 ········· 105

DAY 53 纸包鲽鱼 ········· 107

DAY 54 气炸肉鱼 ········· 108

DAY 55 气炸鲅鱼 ········· 109

DAY 56 气炸香鱼 ········· 111

57 香酥柳叶鱼 ……… 112

58 炸生蚝 ……… 113

59 生蚝豆豉豆腐 ……… 115

60 气炸墨斗鱼 ……… 117

61 泰式柠檬鱼 ……… 119

62 金沙鱼皮 ……… 120

63 凤梨虾球 ……… 122

64 金沙虾 ……… 125

65 气炸盐焗虾 ……… 126

66 虾仁毛豆时蔬 ……… 127

Part 5　家常菜

67 XO酱炒茄子 ……… 130

68 芝士茄子 ……… 131

69 破布子炒水莲 ……… 132

70 香菇甜豆综合时蔬 ……… 133

71 豆皮炒西蓝花 ……… 134

72 小鱼干小杭椒 ……… 135

73 气炸豆干 ……… 136

74 豆皮香葱卷 ……… 137

75 麻油鸡心 ……… 138

76 肉丝炒油菜 ……… 139

77 三杯米血 ……… 140

78 面包屑炸西蓝花 ……… 141

DAY 79 蚝油炒双菇 ········ 143

DAY 80 酥炸杏鲍菇 ········ 144

DAY 81 黄油丝瓜蛤蜊 ········ 147

DAY 82 白酱焗双菜 ········ 148

DAY 83 糖醋豆腐 ········ 150

DAY 84 羊肉炒芥蓝 ········ 153

DAY 85 皮蛋炒地瓜叶 ········ 154

DAY 86 干煸芸豆 ········ 157

DAY 87 蔬菜烘蛋 ········ 159

DAY 88 甜椒镶蛋 ········ 161

DAY 89 椒盐皮蛋 ········ 163

DAY 90 三色蛋 ········ 165

DAY 91 咖喱香肠蛋炒饭 ········ 167

DAY 92 时蔬炒面 ········ 169

Part 6 空气炸锅点心

DAY 93 气炸玫瑰戚风蛋糕 ········ 173

DAY 94 气炸可乐饼 ········ 175

DAY 95 蜜汁腰果 ········ 179

DAY 96 奶油酥条 ········ 181

DAY 97 葡式蛋挞 ········ 182

DAY 98 蝴蝶酥 ········ 186

DAY 99 芋头酥 ········ 188

DAY 100 起酥三文鱼 ········ 191

快速认识空气炸锅

　　很多人一开始听到"气炸",都很好奇这是什么新科技啊?其实空气炸锅的原理和旋风式烤箱相似,就是利用热风去烤东西,而不是炸哦!空气炸锅上方有一个加热器(形状一圈一圈的,炸友们称它为"蚊香")会产生高温热风,再利用风扇产生旋风对流的方式,让食物快速均匀地进行高温烘烤,把食物本身的油脂逼出来,产生有如油炸的效果。

　　因为体积小、操作简单方便,所以这几年它慢慢累积了许多爱用者,不管是单身贵族,还是厨艺不佳者、煮妇煮夫们,大家都爱不释手!空气炸锅虽然不是万能的,但它却是个料理好帮手。

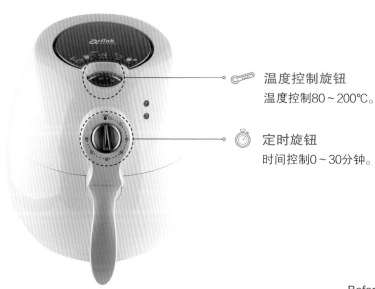

温度控制旋钮
温度控制80~200℃。

定时旋钮
时间控制0~30分钟。

空气炸锅的优缺点比较

优点	1. 几乎没有油烟。
	2. 不怕溅油、喷油。
	3. 用油量大幅减少。
	4. 操作简单方便。
	5. 相较于烤箱，预热更快。
	6. 炸篮易取出、好清洗。
	7. 调味变简单，轻松享受食物纯粹的风味。
缺点	1. 容量小，食材多时需分次进行。
	2. 加热器和风扇不易清洁。
	3. 口感无法与真正的油炸食物一模一样，但酥脆度已经很接近了。

加热器、风扇

加热器与风扇位于炸篮上方。由风扇产生旋风对流的方式，让食物快速均匀地进行高温烘烤。

外锅

可承接气炸后的多余油脂。

炸篮

不粘涂层，好清洗。底部有孔洞，可将多余油脂漏出。

把手

拉开把手即自动断电，进行气炸时可随时拉出查看食材状态，非常方便。

空气炸锅的使用技巧

＊ 气炸前的入门小技巧

Q 琳琅满目的空气炸锅，该怎么选择？

空气炸锅的功能都
差不多，所以可以按照
自己需求的容量与外
形进行选择。购买任何
家电用品，最重要的是
一定要选择检验合格的
厂商，来路不明、没有
通过检验的空气炸锅，
千万不要购买。

我家中使用的是arlink空气炸锅。

Q 新机需要开锅吗？要如何开锅？

新空气炸锅入手后，建议要先空烧开锅。空烧的目的是要把新机残留
的味道去除。可直接以200℃空烧10分钟，空烧完，洗干净沥干水后，再
以200℃、5分钟烘干炸篮，即完成开锅程序。空烧时请打开抽油烟机，让
味道快速散除。也可以放入凤梨皮进行开锅，帮助去除异味。

✴ 料理小技巧

Q 气炸食物时，需不需要额外补充油呢？

我给大家的建议是，本身就含油脂的食材，例如肉类、鱼类，可以不用喷油或刷油，直接气炸；但若是不含油脂的食材，例如蔬菜、海鲜类，建议气炸前加点儿油，这样才会比较好吃，还有，裹粉类和有鱼皮的鱼，一定要抹点儿油，抹油是美味的关键。

另外，空气炸锅的炸篮虽然都有不粘涂层，但为了能达到最佳效果，每次气炸料理时，炸篮或容器内可以先刷上薄薄的油，再摆上食材，以达到最佳不粘效果。

有油脂类的食材不用抹油；没有油脂、裹粉类食材和有鱼皮的鱼，都要抹油。

Q 除了炸篮，我可以放入其他容器吗？

可以，任何可放进烤箱的容器，都可以放入空气炸锅中，例如蛋糕模、不锈钢锅、耐高温玻璃容器、耐高温瓷碗盘等，只要可耐高温、直径小于空气炸锅炸篮的容器都可以放入。

对于我目前使用的空气炸锅来说，只要容器直径在18cm内都可以放进去！当然，现在很多厂商都有专门为空气炸锅设计的烘烤锅、烤网、烤盘等，有这些专门器具会更加方便。

只要直径小于炸篮的耐热容器，都可以放入空气炸锅中使用。

Q 气炸期间，可以随时拉出炸篮检查吗？会有危险吗？

我使用的空气炸锅，拉出即断电，不会有危险，可以随时拉出确认食材状态，或是搅拌一下再继续气炸。

Q 外锅容量比较大时，可以拆掉炸篮，直接使用外锅气炸吗?

虽然外锅可以拆除，也能放入较多的食材，但是不建议大家拆除炸篮使用，因为会影响气旋效果；不过，若真的需要炸多量，还是可以的。

Q 气炸料理前，需不需要先预热?

关于预热问题，只能说见仁见智！预热是为了让食材或半成品在进入空气炸锅前，就已经是最佳烘烤温度而做的准备！所以若是蛋糕、面包等有时效性的食材，就一定需要预热，至于其他料理，我觉得就按照自己喜好习惯调整，当然有预热，气炸时间会比不预热短一些。

不藏私！我的气炸秘诀大公开

1.这样做，肉料理更酥脆

粘上两次酥炸粉或地瓜粉，静置反潮后再气炸，让口感更酥脆，例如韩式炸鸡、脆皮鸡排等。

2.这样做，蔬菜料理滋味好

气炸蔬菜料理时，记得要先抹油再气炸，避免叶菜过干。还可利用气炸肉料理后多余的油来气炸蔬菜，省油不浪费。

3.这样做，鱼料理不干柴

带皮类或裹粉类食材，气炸前最好都要刷上一层油，才能让口感滋润不干柴，例如鲭鱼、香鱼、柳叶鱼等。

4.这样做，料理更好吃

气炸期间，可以拉开空气炸锅搅拌一下再继续，让食材受热更均匀，料理更好吃！

5.这样做，一次有菜又有肉

炸篮中放上你爱吃的蔬菜，再加上蒸烤架，烤架上放油脂多一点的肉类或鱼类，气炸时上面被逼出来的油刚好滴到下面的蔬菜上，完成后简单调味一下，快速完成两道料理。

✳ 气炸后的清洁技巧

Q 如何正确清洁使用后的空气炸锅？

气炸完，趁机器还微温时，用湿抹布轻轻擦拭机身（空气炸锅内部温度高达200℃以上，主机温度和后出风口温度高，都是正常的）。炸篮上方的加热器和风扇，可用天然清洁剂喷在厨房纸巾上，湿敷5分钟，再用小刷子或小牙刷清洁，清洁完毕后再用干净的厨房纸巾沾水擦拭一次即可。

Q 如何清洗炸篮？

炸篮处于非常高温的时候，请勿用冷水冲洗表面，建议用热水或温水冲洗，以免破坏炸篮的不粘涂层。建议在温热的状况下用软性菜瓜布清洁，洗完立即使用空气炸锅以200℃烘干5～10分钟。

气炸后请尽快清洗炸篮，勿放置太久或隔夜才清洗。食物残留过久会较难清洁，加上用力搓洗也有可能会破坏不粘涂层表面。

Q 气炸完味道重的食物，如何去除机器上残留的余味呢？

趁气炸后机器还有余温，但不烫手时，用醋水（醋：水＝1：10）清洁机器。或是放入凤梨、柠檬或柑橘类果皮，加入1杯水，以200℃烤5～10分钟，去除异味。

好用工具

下面列出的这些厨房小工具，都是让我做料理时更顺手、更方便的利器，大家也可以自行选择使用哦！

硅胶夹

使用率最高的小工具，
因为翻动食材都需要它。
推荐硅胶材质是因为空气炸锅炸篮都是不粘涂层，
硅胶材质较不易伤到涂层。

硅胶锅铲

炸鱼翻面的好帮手！
因为用夹子或筷子翻面很容易使鱼四分五裂，
用硅胶锅铲翻，就不易失败，
给你一条美美的鱼！

替换手把

炸篮容量2.2L觉得太小吗？
替换手把，直接用底锅气炸，
容量直升4.1L，
轻松装下一只中型全鸡。

硅胶刷

便宜好用，食材要补油、
刷油时的好帮手！

不锈钢烤网架

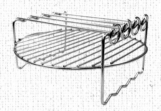

要做串烧类，或要分层气炸时，可以更有效地利用气炸空间。

不锈钢串烧叉

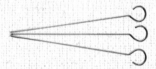

可以用来做串烧料理类的小工具，节省空间，并让料理更美味。请见p.84的蜜汁猪五花卷玉米笋、p.111的气炸香鱼。

煎鱼盘

盘面宽敞、盘底凹凸设计，炸鱼翻面更快速轻松。

洞洞烘焙纸

市面有售不同尺寸带有孔洞的烘焙纸，如果怕食物粘连或希望炸篮更好清洗，可以在炸篮里铺一张烘焙纸，再放食物气炸。

不粘涂层烘烤锅

当你需要制作像蛤蜊丝瓜这类汤汤水水的料理时，有烘烤锅会更方便。

不粘涂层烘烤盘

跟烘烤锅的功能一样，很适合用来气炸比萨或派皮类的料理。

气压喷油瓶

补油时的好帮手。
气压喷油瓶，喷出来的分子比较细、比较平均，
但缺点就是要打气才能产生压力喷出油来，
喷几秒需要再打气才能继续。

隔热手套

空气炸锅的温度很高，
取出时最好要戴上隔热手套，以免烫伤。

电子秤

本书里的主要食材大多以克计算，
准备一个电子秤，方便量测。

硅胶刷油罐

这一款硅胶刷油罐，
刷子上方可装入油，
当硅胶刷按压涂抹食材时，
上面的油就会漏下来，
算是升级版的设计，
也很好用哦！

量匙

我习惯用量匙调味，
量匙由多至少分别代表：
一大匙、一茶匙、
1/2茶匙、1/4茶匙，
且都是以平匙计量。

Part **1** / Brunch

美味早午餐

太阳蛋吐司

为了让家中两个孩子不会赖床，总是要想一些花哨的早餐来吸引他们。家里也有难缠小孩的妈妈们，请一同试试这道香气十足的太阳蛋吐司，保证简单又好吃哦！

160℃　8~10分钟

材料

* 厚片吐司 …… 1片
* 鸡蛋 …… 1个
* 玉米粒 …… 适量
* 盐 …… 适量
* 番茄酱 …… 适量

做法

Step 1　用汤匙在吐司中间按压出一个小凹洞，打入1个蛋、放上玉米粒，再撒上盐。

Step 2　将吐司放入空气炸锅，用筷子将蛋黄戳破，比较容易熟，并在吐司表面喷点水，避免太干。

Step 3　以160℃气炸8~10分钟，取出后依个人喜好加上番茄酱即可享用。

TIPS　喜欢吃半熟蛋可气炸8分钟，喜欢吃全熟蛋可气炸10分钟。

美味早午餐

枫糖法式吐司

充满蛋香、奶香的法式吐司，
淋上甜蜜蜜的枫糖或蜂蜜，再来一杯咖啡，
当作早餐或下午茶都是很享受的。

1 160℃	8分钟
2 160℃	2分钟

材料

* 厚片吐司 …… 1片　* 鸡蛋 …… 1个　* 无盐奶油 …… 10g
* 蜂蜜或枫糖 …… 1大匙

做法

Step 1　取一个小碗，将鸡蛋、无盐奶油混合打散（奶油不用先加热熔化，因为气炸过程中就会融化了）。

Step 2　将厚片吐司的两面均匀沾上奶油蛋液。

Step 3　准备一张烘焙纸铺在炸篮里，再放入厚片吐司，先以160℃炸8分钟，翻面再以160℃炸2分钟，取出淋上蜂蜜或枫糖即可享用。

TIPS　铺上烘焙纸是为了防止蛋液黏附在炸篮中。

DAY 03

气炸水煮蛋

用空气炸锅制作水煮蛋很方便，10分钟就可以搞定，
然后再烫一些西蓝花、胡萝卜，就是营养丰盛的早餐。

材料

* 常温鸡蛋（能铺满容器底层即可）…… 6个

160℃　　8分钟

做法

将常温鸡蛋铺在耐热容器底部后，放入炸篮中，以160℃炸8分钟，就
完成了。

Tips! 有些鸡蛋壳较薄，容易爆开，建议不要将鸡蛋直接放入炸篮中。

Tips2 一定要使用常温蛋，不可以是冷藏蛋，以免爆裂。

DAY
04

带皮土豆条

将土豆切一切、抹点橄榄油、撒点胡椒盐，放入空气炸锅中。
皮脆肉松的带皮土豆条出炉，简单却超级好吃！

180℃　　20分钟

材料

* 土豆（约400g）····· 2个
* 胡椒盐 ····· 适量
* 橄榄油 ····· 适量

做法

Step 1　将带皮土豆洗干净后，切成条状，放入滚水中煮3分钟后捞起沥干。

Step 2　将土豆条放入炸篮中，在表面均匀地刷上一层橄榄油，再撒点胡椒盐，以180℃炸20分钟，就完成了。

TIPS　气炸期间，记得拉开空气炸锅搅拌一下再继续炸，让食材受热更均匀。

人气炸物
四重奏

鸡块、薯条、薯饼、鸡柳条，
这是我们家的冰箱冷冻库四宝，不管是搭配早餐，
还是作为小朋友放学后的点心都很适合
快速气炸完成，立即喂食饥饿的小孩。

气炸麦克鸡块

200℃   12分钟

材料

✳ 冷冻麦克鸡块 ····· 12～15块

做法

将市售的冷冻麦克鸡块（无须解冻）放入炸篮中，以200℃炸12分钟，就完成了。

> Tips 气炸期间，记得拉开空气炸锅翻面一次再继续炸，让食材受热更均匀。

气炸薯饼

材料

✳ 冷冻薯饼 ····· 3片

200℃   10分钟

做法

将市售的冷冻薯饼（无须解冻）放入炸篮中，以200℃炸10分钟，就完成了。

> Tips 气炸期间，记得拉开空气炸锅翻面一次再继续炸，让食材受热更均匀。

 **DAY 07 气炸薯条**

材料

❋ 冷冻薯条 …… 200g

① 180℃　8分钟
② 200℃　3分钟

做法

将市售的冷冻薯条（无须解冻）放入炸篮中，以180℃炸8分钟，再用200℃炸3分钟，就完成了。

[TIPS1] 气炸期间，记得拉开空气炸锅搅拌一下再继续炸，让食材受热更均匀。

[TIPS2] 炸完后可依个人口味，撒上胡椒粉或其他调料，增添风味。

DAY 08 气炸鸡柳条

材料

❋ 冷冻鸡柳条 …… 200g

① 180℃　8分钟
② 200℃　5分钟

做法

将市售的冷冻鸡柳条（无须解冻）放入炸篮中，以180℃炸8分钟，翻面再以200℃炸5分钟，就完成了。

[TIPS1] 气炸期间，记得拉开空气炸锅搅拌一下再继续炸，让食材受热更均匀。

[TIPS2] 炸完后可依个人口味，撒上胡椒粉或其他调料，增添风味。

DAY
09

洋葱圈

又香又酥脆的洋葱圈，保证一上桌大人小孩都抢着吃，
就连原本讨厌洋葱的人也一定会被它的美味吸引！

180℃   10分钟

材料

* 洋葱 …… 半个
* 鸡蛋 …… 1个
* 炒过的面包粉 …… 5大匙
* 橄榄油 …… 适量

〔调味面粉〕

✢ 低筋面粉 …… 1大匙
✢ 盐 …… 少许
✢ 芝士粉 …… 1大匙

做法

Step 1   将洋葱切成约1cm厚的圈状。

Step 2   制作调味面粉，将低筋面粉、盐、芝士粉混合搅拌均匀。

Step 3   将洋葱圈依序沾上调味面粉、蛋液、面包粉。

Step 4   将洋葱圈放入炸篮中，在表面抹点橄榄油，以180℃炸10分钟，就完成了。

Tips1   气炸期间，记得拉开空气炸锅搅拌一下再继续炸，让食材受热更均匀。

Tips2   炸完后可依个人口味，撒上胡椒粉或其他调料，增添风味。

DAY 10

气炸带皮地瓜

用空气炸锅制作出来的地瓜，口感绵密，
完全不输给外面市售的烤地瓜，超级好吃！

材料

✳ 中大型地瓜（每根约230g）…… 3根

200℃　30分钟

做法

Step 1　地瓜不削皮，将整根地瓜清洗干净。

Step 2　放入空气炸锅中以200℃炸30分钟，就完成了。

Tips　气炸期间，记得拉开空气炸锅翻面一次再继续炸，让
食材受热更均匀。

DAY 11

美味早午餐

焗烤西红柿

只要有西红柿和芝士，
就能做出这道看起来简单又好吃的焗烤西红柿，
香浓多汁，大人小孩都喜欢。

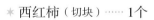

160℃ 　 6分钟

材料

* 西红柿（切块）…… 1个
* 黑胡椒粉 …… 1/4茶匙 　 芝士碎 　 约80g 　 盐 …… 适量
* 香料粉（可依个人喜好添加）…… 适量

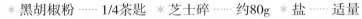

做法

Step 1 　将西红柿切成小块，加入黑胡椒粉搅拌均匀，平铺在耐热容器里，并在表面撒上芝士碎。

Tips 可以根据个人喜好选择芝士种类，像芝士片、芝士碎、巧达芝士等皆可。

Step 2 　将耐热容器放入炸篮中，以160℃炸6分钟。炸完后需闷5分钟再取出，最后撒上盐、香料粉，就完成了。

米热狗

这道米热狗口感丰富，不仅有酥脆的外皮，
内馅还有加番茄酱、蛋黄酱调味的白米饭和热狗，
不论是当作正餐还是小点心都很适合。

200℃　10分钟

材料

* 白米饭（约2碗）…… 400g
* 番茄酱 …… 1¹/₂大匙
* 蛋黄酱 …… 1¹/₂大匙
* 盐 …… 1/4茶匙
* 热狗 …… 4条
* 低筋面粉 …… 适量
* 蛋液 …… 1个量
* 面包粉（炒过）…… 适量
* 橄榄油 …… 适量

做法

Step 1 将白米饭加入番茄酱、蛋黄酱和盐，拌匀备用。

Step 2 将热狗用滚水煮5分钟后，切半备用。

Step 3 取一小张保鲜膜，铺上步骤1中的约50g的白米饭，并在中间放上热狗，用保鲜膜卷起来塑形，重复此动作，做出8份米热狗。

Step 4 将塑形好的米热狗，按照顺序均匀沾上低筋面粉、蛋液、面包粉，放入炸篮中再抹上一层橄榄油，以200℃炸10分钟，就完成了。

Tips1 气炸期间，记得拉开空气炸锅翻面一次再继续炸，让食材受热更均匀。

Tips2 炸完后可依个人口味，撒上胡椒粉或番茄酱，增添风味。

DAY
13

伪葱油饼

这道伪葱油饼使用饺子皮来制作，
这就是妈妈懒则变、变则通的快速妙招。
即便没时间揉面团，也能快速制作出美味葱油饼。

材料

* 饺子皮 ····· 5张
* 橄榄油 ····· 适量
* 胡椒粉 ····· 少许
* 葱花 ····· 适量

180℃   8分钟

做法

Step 1　将饺子皮用擀面棍一一擀开，准备做后续堆叠用。

TIPS　一份葱油饼大约需使用5张饺子皮，可视想要的数量擀饺子皮。

Step 2　取一张饺子皮，刷上一些橄榄油，撒上葱花、胡椒粉，叠上第二张饺子皮，重复刷橄榄油、撒葱花与胡椒粉的动作，直到5张饺子皮堆叠完成。

Step 3　用擀面棍将叠好的饺子皮稍微擀开，放入炸篮中并将葱油饼上下两面都刷上一层橄榄油，以180℃炸8分钟，就完成了。

TIPS1　有空时，可以一次做大量的伪葱油饼，放冰箱冷冻保存，想吃再拿出来快速气炸。

TIPS2　炸完后可依个人口味，撒上胡椒粉或其他调料，增添风味。

你也可以这样做

如果使用市售的冷冻葱油饼或葱抓饼，直接放入炸篮中，以200℃炸8分钟，就完成了。

布丁吐司

吐司放久了容易变干变硬，这时我就会把它拿来做成布丁吐司，
沾满牛奶蛋液的吐司，仿佛打了回春剂，变得超级柔软，
哈哈，这是妈妈不浪费的小秘招！

160℃　20分钟

材料

＊ 吐司（切丁）…… 2片

＊ 鸡蛋 …… 1个

＊ 砂糖 …… 15g

＊ 无盐奶油 …… 20g

＊ 牛奶 …… 130g

做法

Step 1　将鸡蛋、砂糖和无盐奶油放入锅中，用小火隔水加热到糖熔化，即可熄火。

TIPS　隔水加热的水温度不要高于60℃，不然会影响蛋液。

Step 2　将牛奶加入步骤1的奶油蛋液中，搅拌均匀后，利用筛网过筛一次，完成布丁液。

Step 3　准备一个可放入炸篮的耐热容器，在容器四周抹上奶油（材料分量外）防止粘连。

Step 4　先将吐司丁放入耐热容器里，再倒入布丁液，静置一下，让吐司充分吸满布丁液。

Step 5　将容器放入炸篮中，以160℃炸20分钟，就完成了。

懒人比萨

这道懒人比萨使用蛋饼皮制作，可以省去揉面团的工夫，
铺上喜欢的馅料，放入空气炸锅就完成了，
也是我清空冰箱时的好帮手！

150℃　8~10分钟

材料

〔馅料〕

* 蘑菇（切片）…… 3朵
* 热狗（切片）…… 1根
* 芦笋（切段）…… 8根
* 甜椒（切块）…… 2个

〔饼皮〕

* 冷藏蛋饼皮 …… 2张
* 橄榄油 …… 适量
* 芝士碎 …… 适量
* 番茄酱 …… 适量
* 黑胡椒粉 …… 适量

做法

Step 1　将所有馅料切成相近大小，放入滚水中烫熟备用。

Step 2　将冷藏蛋饼皮铺在炸篮底部，刷上一层橄榄油，撒上芝士碎，盖上第二张蛋饼皮，再刷上一层薄薄的番茄酱，撒上黑胡椒粉，随意放上步骤1的馅料，再撒上一层芝士碎，以150℃炸8~10分钟，就完成了。

TIPS　如果家中有番茄肉酱也可以和馅料一起加入再气炸，会让比萨更增添美味。

三文鱼香酥饭团

把吃不完的白米饭、三文鱼拌一拌、捏一捏，
再包上海苔，就变成美味饭团，
神不知鬼不觉地把剩饭变成美味早餐！

160℃   8分钟

材料（2颗份）

* 熟三文鱼肉 …… 60g
* 芝麻香松 …… 1大匙
* 白米饭 …… 300g
* 橄榄油 …… 1茶匙
* 大片海苔 …… 1片

〔酱料〕

* 酱油 …… 1茶匙
* 香油 …… 1茶匙
* 味噌 …… 1/2茶匙

做法

Step 1　如果使用刚煮好的白米饭会容易烫
手，建议放凉再制作；如果使用的是
隔夜饭，从冰箱取出置于室温回温。

Step 2　将三文鱼肉撕成小块状，与白米饭、
芝麻香松、橄榄油用手混合捏拌。

Step 3　用保鲜膜将180g的三文鱼饭包覆起
来，再用手整成三角形或任何你喜爱
的形状，重点是一定要压密实，越
紧越好，这样气炸完成后饭团才不会
散掉。

Step 4　将捏好的两个饭
团放入炸篮中，
在两面刷上调和
好的酱料，以
160℃炸8分钟。

Step 5　将海苔切成长条状，包住饭团即完成。

Part 2 / Appetizer
小吃、开胃菜

DAY 17

孜然七里香

有没有人跟我一样是七里香爱好者，到咸酥鸡摊必点鸡屁股。
用空气炸锅制作不仅简单，而且将冷冻鸡屁股取出直接气炸即可，
不用退冰，超级快速！

1 180℃ 10分钟
2 200℃ 5分钟

材料

* 鸡屁股 …… 200g

〔腌渍酱料〕

☆ 酱油 …… 1茶匙
☆ 孜然粉 …… 1茶匙

做法

Step 1 将鸡屁股与所有腌渍酱料用手拌匀，腌30分钟。

Step 2 把鸡屁股放入炸篮中，先以180℃炸10分钟，拉开空气炸锅稍微搅拌一下，再以200℃炸5分钟，就完成了。

气炸甜不辣

刚气炸出来的甜不辣超级好吃，
当作点心或宵夜都超适合，不用怕做失败，
只怕太好吃会欲罢不能啊！

冷藏：180℃　8分钟

冷冻：200℃　8分钟

材料

* 甜不辣 …… 约200g

做法

将市售的冷藏甜不辣直接放进炸篮中，以180℃气炸8分钟，就完成了。如使用的是冷冻甜不辣，无须解冻直接放入炸篮中，以200℃气炸8分钟即可。

TIPS 炸完后可依个人口味，撒上胡椒粉或五香粉，增添风味。

气炸鸡软骨

将鸡软骨腌渍5分钟，再放入炸篮中炸几分钟，
简单快速，立即呈现美味小吃！

1 180℃　10分钟
2 200℃　5分钟

材料

* 鸡软骨 …… 200g

〔腌渍酱料〕

* 酱油 …… 1茶匙
* 白胡椒粉 …… 1/4茶匙
* 鸡粉 …… 1/4茶匙

做法

Step 1　将鸡软骨与所有腌渍酱料用手拌匀，
腌5分钟。

Step 2　把鸡软骨放入炸篮中，先以180℃炸
10分钟，拉开空气炸锅稍微搅拌一
下，再以200℃炸5分钟，就完成了。

气炸糯米肠

猪肠衣的薄脆外皮，配上厚实的糯米内馅，大展台式经典美味，请务必列入你的气炸清单中。

❶ 180℃　8分钟
❷ 200℃　4分钟

材料

✳ 冷藏糯米肠 ⋯⋯ 3 ~ 4根

做法

将冷藏糯米肠放入空气炸锅内，先以180℃炸8分钟，再以200℃炸4分钟，就完成了。

TIPS 气炸期间，记得拉开空气炸锅翻面一次再继续炸，让食材受热更均匀。

气炸虾饼

我家冰箱里总是会储存一些冷冻食品，
没空买菜或偶尔想要换换口味时，就可以马上变出美味料理。

材料

★ 冷冻月亮虾饼 …… 1片

❶ 180℃　5分钟
❷ 200℃　10分钟

做法

将冷冻月亮虾饼直接放入炸篮中，先以180℃炸5分钟，取出翻面再以200℃炸10分钟，就完成了。

> **TIPS** 虾饼炸完后不用清锅，可以接着放入要炒的青菜（我会先用少许油、盐、蒜、黑胡椒粉，拌好青菜），以160℃炸10分钟即完成。

DAY 22

椒盐芋头条

喜欢芋头的姐妹们一定要试试这道小点心，吃起来有点像薯条，
但口感比薯条厚实，很适合气炸一盘配点小酒，
也是追剧时的解压零食，美食相伴，带来完美的放松时光。

160℃　　15分钟

材料

* 芋头（约250g）…… 1个
* 玉米粉 …… 2大匙
* 橄榄油 …… 1茶匙
* 胡椒盐 …… 1茶匙

做法

Step 1　将芋头去皮并切成细长的条状。

Step 2　在芋头条表面均匀地撒上玉米粉后，
刷上橄榄油，然后再撒上胡椒盐。

Step 3　在炸篮内抹上一层橄榄油，再将芋头
条放入炸篮中平铺摆放，以160℃炸15
分钟，就完成了。

Tips　芋头条尽量以平铺的方式，不要堆叠，可
根据空气炸锅的容量分次炸。这道250g的
芋头条，需分2次气炸。

五香鸡皮

满满的一篮鸡皮气炸之后就会缩成一点点，
所以千万不用担心吃不完，上桌后绝对被秒杀清空。
香脆的鸡皮，即使没加任何调味，都好吃得不得了！

200℃　15分钟

材料

* 鸡皮 ……200g

〔腌渍酱料〕

☆ 料酒 ……1/2茶匙
☆ 酱油 ……1茶匙
☆ 五香粉 ……1/4茶匙

做法

Step 1 将全部腌渍酱料与鸡皮用手搅拌均
匀，腌5分钟。

Step 2 将五香鸡皮平铺在炸篮里，以200℃
炸15分钟，就完成了。

Tips1 气炸期间，可以拉开
空气炸锅搅拌一下再
继续炸，让食材受热
更均匀。

Tips2 气炸后多的鸡油，我
喜欢拿来拌地瓜叶或
炒青菜，可增加香气
又不浪费。

你也可以这样做

如果要做蒜香口味的鸡皮，可以先将腌渍好的鸡皮以200℃炸15分
钟，剩最后5分钟时再放入适量蒜末一起气炸至完成。

DAY 24

柠檬鸡柳条

免油炸的鸡柳条，一样可以很酥脆！
用酸奶、柠檬调配的酱汁，清爽解腻。

200℃   10分钟

材料

* 鸡里脊或鸡胸肉（约300g，切条状备用）⋯⋯8条
* 面包粉 ⋯⋯适量
* 橄榄油 ⋯⋯适量

〔腌渍酱料〕

☆原味酸奶 ⋯⋯2大匙　☆柠檬汁 ⋯⋯1匙　☆黑胡椒粉 ⋯⋯1/4茶匙
☆盐 ⋯⋯1/4茶匙　☆鸡蛋 ⋯⋯1个

做法

Step 1　将切好的鸡柳条加入所有腌渍酱料，拌匀后腌30分钟。

Step 2　将鸡柳条两面沾裹上面包粉（先炒过会更香酥），裹好后再刷点橄榄油，放入炸篮中，以200℃炸10分钟，就完成了。

Tips1 气炸期间，记得拉开空气炸锅搅拌一下再继续炸，让食材受热更均匀。

Tips2 最后可依个人口味，撒上胡椒粉或其他调料，增添风味。

气炸盐酥鸡

盐酥鸡是空气炸锅的必做料理之一。
只要用空气炸锅，
就可以轻松做出一盘不油腻
又美味多汁的盐酥鸡，
自己炸过之后就不会想外食了！

200℃　10分钟

材料

✳ 鸡胸肉（切小块）⋯⋯500g

✳ 地瓜粉或淀粉 ⋯⋯适量

〔腌渍酱料〕

✾ 酱油 ⋯⋯2大匙

✾ 砂糖 ⋯⋯1/2茶匙

✾ 蒜（切末）⋯⋯3瓣

✾ 豆蔻粉或五香粉 ⋯⋯1/4茶匙

做法

Step 1　将鸡胸肉加入所有腌渍酱料，拌匀后腌30分钟以上。

Step 2　在腌好的鸡胸肉里加入地瓜粉，用手拌匀后，静置5分钟让肉反潮，直到肉湿湿的看不到粉材。

Step 3　将鸡肉放入炸篮里，平铺一层，不要堆叠。

Tips 这个食谱的分量需分成2～3次气炸。记得不要将鸡胸肉全部放入，以免炸出来的口感不好，气炸的时间也会拉长。

Step 4　以200℃炸10分钟，就完成了。

Tips 气炸完成后可放入罗勒闷10秒，搭配享用！

夜市烤玉米

夜市的烤玉米通常都不便宜，
而且还要等很久才能享用。
自己在家用空气炸锅就能做出夜市的烤玉米，
而且酱料想刷几层就刷几层，
免出门、免排队，
轻松在家享受香喷喷的烤玉米。

❶ 180℃	10分钟
❷ 180℃	4分钟
❸ 180℃	2分钟

材料

✴ 玉米 ……3根

〔芝麻沙茶酱〕

☆ 沙茶酱 ……2大匙

☆ 砂糖 ……1大匙

☆ 烘焙芝麻酱 ……2大匙
（市售沙拉用的种类即可）

☆ 酱油 ……1大匙

做法

Step 1 制作芝麻沙茶酱。将"芝麻沙茶酱"的材料全部拌匀备用。

Step 2 将玉米去皮洗干净后，放入炸篮中以180℃炸10分钟，取出并在玉米表面刷上第一层芝麻沙茶酱，再气炸4分钟；取出刷第二层酱料后炸2分钟，再取出刷上第三层酱料就完成了。

小鱼干花生

小鱼干花生，
绝对是最佳的下酒菜和零嘴，
很多人就是爱这一味！
自己做，要辣要甜要咸自己调整，
美味又安心。

① 140℃ 15分钟
② 150℃ 5分钟

小吃、开胃菜

Appetizer

材料

* 小鱼干 ……60g
* 盐 ……1/2茶匙
* 细砂糖 ……1茶匙
* 熟花生 ……60 ~ 80g
* 辣椒段 ……1根
* 葱花 ……20g

做法

Step 1 将小鱼干用清水冲洗2次，以纸巾稍微擦干后备用。

Step 2 取一耐热容器，放入小鱼干、盐、细砂糖搅拌均匀，再加入熟花生和辣椒段拌匀。

Step 3 将容器放入炸篮中，以140℃炸15分钟，取出翻拌一下并放入葱花，再以150℃炸5分钟，就完成了。

Tips1 放凉再装进密封袋或密封盒保存，当作解馋零嘴或是外出点心，都很方便即食。

Tips2 坚果类与水果类的气炸温度，记得不要超过160℃，以免焦掉。

Part 3 / Meat
豪华肉料理

蜂蜜芥末
鸡腿排佐蔬菜

这道菜可以当作咖啡厅里的招牌早午餐！
又嫩又鲜的鸡肉，搭配上喜欢的蔬菜，
好看好吃又营养，超推！

1 180℃ 15分钟
2 200℃ 10分钟

材料

* 去骨鸡腿排 …… 1块
* 小黄瓜（或西葫芦1根）…… 2根
* 蘑菇（切半）…… 4朵
* 盐 …… 少许
* 生菜 …… 适量

〔蜂蜜芥末酱〕

☼ 蜂蜜 …… 1大匙
☼ 黄芥末酱 …… $1\frac{1}{2}$大匙
☼ 黑胡椒粉 …… 1/2茶匙
☼ 蛋黄酱 …… 1大匙

做法

Step 1　将"蜂蜜芥末酱"的所有材料搅拌均匀。

Step 2　将蜂蜜芥末酱均匀抹在鸡腿排的两面。一边为鸡肉按摩，一边均匀涂抹酱汁，腌渍至少1小时，备用。

Step 3　将小黄瓜切片。如使用的是西葫芦，需撒上少许盐，尽量每片都撒到，静置15分钟出水后，再用水冲洗一下，沥干备用。

Tips　撒盐、静置出水、冲水，这3个步骤是让西葫芦好吃的秘诀，一定要记下来！

Step 4　取一个耐热容器，在底部铺上蘑菇、小黄瓜片、生菜，摆上鸡腿排（鸡肉面朝上、鸡皮面朝下），最后将蜂蜜芥末酱全部倒入。

Step 5　将耐热容器放入炸篮中，先以180℃炸15分钟，取出将蔬菜翻拌、鸡肉翻面（鸡皮朝上），再以200℃炸10分钟，就完成了。

Tips　气炸时流出的鸡油，可以用来拌其他蔬菜。

南瓜梅香鸡

梅子是让料理清爽解腻的好帮手，
酸酸甜甜的滋味，在胃口不好的大热天里，
也能拥有好食欲！

180℃   30分钟

材料

* 去骨鸡腿排 …… 2块
* 南瓜 …… 半个
* 地瓜粉 …… 适量
* 白芝麻 …… 适量

〔腌渍酱料〕

✲ 蚝油 …… 1茶匙
✲ 鸡蛋 …… 1个
✲ 砂糖 …… 1茶匙
✲ 白胡椒粉 …… 1/4茶匙

〔紫苏梅酱〕

✲ 开水 …… 八分满米杯
✲ 蚝油 …… $1\frac{1}{2}$大匙
✲ 蜂蜜 …… 1大匙
✲ 紫苏梅 …… 8个

做法

Step 1 将"腌渍酱料"的所有材料混合均匀。

Step 2 将去骨鸡腿排切块，再加入腌渍酱料，一边为鸡肉按摩，一边均匀涂抹酱汁，腌渍15分钟。

Step 3 将南瓜带皮切块备用。

Step 4 腌好的鸡腿排裹上地瓜粉，静置待反潮（让鸡肉表面有点湿润感）。

Step 5 将鸡腿排与南瓜一起放入炸篮中，以180℃炸30分钟，记得每炸10分钟要取出翻面。

Step 6 气炸南瓜鸡时，可制作紫苏梅酱。准备一个小锅，加入开水、蚝油、蜂蜜、紫苏梅，以小火烹煮并均匀搅拌，约5分钟待稍微收汁即可。

Step 7 将南瓜和鸡腿排倒入收汁的紫苏梅酱锅中拌炒一下，让每块南瓜鸡肉都均匀沾上酱汁后，熄火盛盘，撒上白芝麻，就完成了。

气炸鸡腿排

这道气炸鸡腿排步骤超简单，腌一下，炸一下，就完成。
学会了这道基础料理，成为大厨就成功了一半。
加上各式酱料就能华丽变身，轻松端上桌。

① 180℃　10分钟
② 200℃　5分钟

材料

✳ 鸡腿排或鸡腿 …… 1块

〔腌渍酱料〕

✳ 盐 …… 少许
✳ 胡椒粉 …… 少许
✳ 料酒 …… 1大匙

做法

Step 1　在鸡腿排上加入所有的腌渍酱料，边加边帮鸡肉揉捏按摩，腌渍10分钟。

Step 2　把腌好的鸡腿排（鸡肉面朝上、鸡皮面朝下）放入炸篮中，先以180℃炸10分钟，取出翻面，让鸡皮朝上，再以200℃炸5分钟，就完成了。

Tips　原味就很好吃，也可依个人口味，撒上胡椒粉或其他香料。可以参考p.68，升级成泰式椒麻鸡。

你也可以这样做

可以利用耐热容器或6寸（1寸=3.33厘米）不粘蛋糕模，先在底部铺上自己喜欢的蔬菜，再放上腌渍好的鸡腿排一起气炸。流出来的鸡油刚好可以滋润蔬菜，拌一拌就很好吃，而且一锅出两菜，超省时。

DAY
31

泰式椒麻鸡

要做出餐厅里的泰式椒麻鸡一点都不难，
酱料拌一拌、鸡腿排交给空气炸锅，
最后加上卷心菜丝摆盘就行了。

① 180℃　10分钟

② 200℃　5分钟

材料

* 去骨鸡腿排 ⋯⋯ 1块
* 卷心菜丝 ⋯⋯ 适量

〔腌渍酱料〕

❋ 盐 ⋯⋯ 少许
❋ 胡椒粉 ⋯⋯ 少许
❋ 料酒 ⋯⋯ 1大匙

〔泰式椒麻酱〕

❋ 蒜末 ⋯⋯ 20g
❋ 辣椒（切末）⋯⋯ 1小根
❋ 花椒粉（或花椒粒）⋯⋯ 1/4茶匙
❋ 青葱（切末）⋯⋯ 1根
❋ 香菜末 ⋯⋯ 15g
❋ 细砂糖 ⋯⋯ 10g
❋ 鱼露 ⋯⋯ 20g
❋ 柠檬汁 ⋯⋯ 15g
❋ 冰开水 ⋯⋯ 20g

做法

Step 1　制作泰式椒麻酱。将"泰式椒麻酱"的材料拌匀，或全部放入料理机打碎备用。

Step 2　将"腌渍酱料"的材料混合均匀。

Step 3　取一容器，放入去骨鸡腿排，再加入腌渍酱料。一边均匀地涂抹酱料，一边为鸡肉揉捏按摩，腌渍10分钟。

Step 4　将鸡腿排放入炸篮中，鸡腿排的鸡肉面朝上、鸡皮面朝下，先以180℃炸10分钟，取出翻面，让鸡皮朝上，再以200℃炸5分钟。

Step 5　卷心菜切成丝，洗净后泡冰开水（材料分量外）至少20分钟备用。

Step 6　将卷心菜丝沥干摆盘后，放上鸡腿排，淋上泰式椒麻酱，就完成了。

气炸全鸡

这一道全鸡大餐端上桌，客人会投以崇拜眼神，
以为你很会做菜，其实就只是把料塞一塞、
放入空气炸锅里就完成了，30分钟变大厨！

材料

❶ 180℃　20分钟
❷ 180℃　10分钟

* 小型全鸡（1kg以内）…… 1只
* 蒜 …… 6瓣
* 青葱（切段）…… 1根
* 洋葱（切丝）…… 1/4个
* 胡椒盐 …… 适量
* 橄榄油 …… 适量

〔腌渍酱料〕
✿ 盐 …… 1茶匙
✿ 黑胡椒粉 …… 1/2茶匙
✿ 酱油 …… 1大匙
✿ 料酒 …… 1/2茶匙

做法

Step 1　将"腌渍酱料"的材料混合均匀后，一边将酱料涂抹在鸡肉上，一边帮鸡肉揉捏按摩。

Tips1　挑选1kg以内，能放入空气炸锅内的全鸡，我用的这只鸡大约是700g。

Tips2　腌渍酱料记得预留一些，作为步骤4刷色用。

Step 2　先将蒜、葱段、洋葱丝撒上胡椒盐，再塞入全鸡内。

Step 3　在鸡表面抹上一层薄薄的橄榄油，再用锡箔纸包覆起来。

Step 4　将全鸡放入炸篮中，先以180℃炸20分钟，取出拿掉锡箔纸，再以180℃炸10分钟。

Tips1　拿掉锡箔纸后，将鸡每2分钟翻面一次，并刷上步骤1的腌渍酱料，使表面上色均匀，更为美味。

Tips2　每只鸡的大小不同，再依照气炸状态，自行调整温度和时间，确保熟透。

Tips3　炸完后可依个人口味，撒上胡椒粉或其他调料，增添风味。

脆皮香鸡排

自己做鸡排，听起来是不是很狂，
但有了空气炸锅，一切变得很简单。
自己调的酥炸粉，虽然比不上市售的酥炸粉，
不过可以掌握使用的食材，不仅安心，
吃起来还真的有脆皮的感觉呢！

① 180℃　10分钟

 ② 200℃　6分钟

材料

* 鸡胸肉（约500g）…… 1块
* 橄榄油 …… 适量

〔腌渍酱料〕

☆ 酱油 …… 1大匙
☆ 砂糖 …… 1茶匙
☆ 白胡椒粉 …… 1/4茶匙
☆ 蒜（切末）…… 3瓣
☆ 花椒粉 …… 1/2茶匙

〔酥炸粉〕

☆ 低筋面粉 …… 1米杯
☆ 玉米粉 …… 1米杯
☆ 糯米粉 …… 1米杯
☆ 白胡椒粉 …… 1大匙

做法

Step 1　将鸡胸肉对半切成两片后，每片再从侧边横切开来，但不要切断，切完后翻开，鸡排就变大了。

TIPS 一块鸡胸肉可做2片香鸡排。

Step 2　混合所有"腌渍酱料"的材料，再放入鸡胸肉抓腌一下，静置至少30分钟。

TIPS 如果时间充裕，可将鸡胸肉于前一晚进行腌渍，经过一整夜的腌渍会更加入味。

Step 3　制作酥炸粉。将"酥炸粉"材料全部混合均匀备用。

Step 4　将腌渍好的鸡排两面皆均匀沾上酥炸粉，再喷水至全湿，均匀地沾裹一次酥炸粉，静置5分钟，让粉反潮。

TIPS 反复沾裹两次酥炸粉，可以让气炸后的口感更接近脆皮鸡排哦！

Step 5　将鸡排放入炸篮中，并在两面刷一点橄榄油，以180℃炸10分钟，取出翻面，再以200℃炸6分钟，完成。

TIPS 炸完后可依个人口味，撒上胡椒粉或其他调料，增添风味。

DAY
34

豆乳鸡

妈妈真是不好当，每天都要脑力激荡三餐要吃什么，
不过还好我很爱自己动手做，所以忙得很开心。
这道豆乳鸡为鸡胸肉带来全新的风味，
不知道要做什么的妈妈们，
快来试试看吧！

材料

200℃ 10分钟

* 鸡胸肉（约500g）····· 1块
* 橄榄油 ····· 适量

〔腌渍酱料〕

* 豆腐乳 ····· 3块
* 酱油 ····· 1茶匙
* 砂糖 ····· 1茶匙
* 料酒 ····· 1/4茶匙
* 五香粉 ····· 少许

〔酥炸粉〕

* 低筋面粉 ····· 1米杯
* 玉米粉 ····· 1米杯
* 糯米粉 ····· 1米杯
* 白胡椒粉 ····· 1大匙
* 白芝麻 ····· 1大匙

做法

Step 1　将"腌渍酱料"的所有材料混合均匀，再放入鸡胸肉进行腌渍至少12小时。腌渍时请放入冰箱冷藏。

TIPS 如果时间充足，建议腌渍一整天，让鸡胸肉更入味。

Step 2　将"酥炸粉"材料混合均匀，再放入腌渍好的鸡胸肉抓拌均匀。

Step 3　将鸡胸肉平铺在炸篮内，再均匀地抹上一层橄榄油，以200℃炸10分钟，就完成了。

TIPS1 气炸期间，记得拉开空气炸锅翻面一次再继续炸，让食材受热更均匀。

TIPS2 这个食谱的分量，需要分两次才能炸完。

DAY 35

韩式炸鸡

韩式炸鸡的重点，除了要炸得刚好不干柴，腌渍酱料和蘸酱也是关键，
掌握这三项要素，才能吃到外辣内多汁的好滋味。
没用完的韩式炸鸡酱，也可以用来搭配其他料理哦！

200℃   20分钟

材料

✳ 棒棒鸡腿（8支，约400g）…… 1盒
✳ 白芝麻 …… 适量
✳ 橄榄油 …… 适量

〔韩式炸鸡酱〕

✧ 蒜（切末）…… 4瓣
✧ 韩式辣椒酱 …… 50g
✧ 番茄酱 …… 30g
✧ 砂糖 …… 30g
✧ 白醋 …… 15g

〔酥炸粉〕

✧ 低筋面粉 …… 1米杯
✧ 玉米粉 …… 1米杯
✧ 糯米粉 …… 1米杯

〔腌渍酱料〕

✧ 酱油 …… 1茶匙
✧ 料酒 …… 1/2茶匙
✧ 胡椒粉 …… 1/4茶匙
✧ 咖喱粉 …… 1/4茶匙

做法

Step 1 将棒棒鸡腿加入混合均匀的腌渍酱料中，同时揉捏按摩鸡肉，静置至少30分钟。

Step 2 制作酥炸粉。将"酥炸粉"材料全部混合均匀。

Step 3 将腌渍好的棒棒鸡腿两面皆均匀沾上酥炸粉，喷水至全湿，再均匀地沾裹一次酥炸粉，静置5分钟，让粉反潮。

TIPS 反复沾两次酥炸粉，可以让气炸后的口感更酥脆哦！

Step 4 将棒棒鸡腿放入炸篮中，在表面刷上一层橄榄油后，以200℃炸20分钟。

TIPS 如果想要更接近油炸的口感，可以在鸡腿两面都刷上油。

Step 5 制作韩式炸鸡酱。准备一个锅，加入橄榄油、蒜末以中小火炒出香气，放入韩式辣椒酱、番茄酱、砂糖和白醋，拌炒均匀后，再放入气炸好的棒棒鸡腿，均匀沾裹辣酱。起锅撒白芝麻，完成。

DAY 36

气炸意式香料鸡翅

鸡翅简单腌渍一下就能入味，
腌完再炸，整个风味又提升了。
可以视个人喜好变换不同的香料，
想吃什么自己加！

❶ 180℃　7分钟
❷ 200℃　3分钟

材料

* 鸡翅（2节翅或3节翅皆可）…… 12只

〔腌渍酱料〕

* 意式香料粉 …… 1大匙
* 白酒 …… 1茶匙

做法

Step 1 将鸡翅加入混合均匀的腌渍酱料中，静置至少20分钟。

Step 2 把鸡翅放入炸篮中，先以180℃炸7分钟，翻面后再以200℃炸3分钟，就完成了。

DAY 37

法式迷迭香鸭胸

吃腻了中餐，就改用迷迭香等意式香料粉调味吧！
可以快速地转换口味，稍微摆盘，
再配上红酒或香槟就很有欧洲风情啦！

  200℃　 15分钟

材料

✳ 鸭胸肉（约350g）…… 1块
✳ 玫瑰盐 …… 适量

〔腌渍酱料〕

❊ 迷迭香香料 …… 1茶匙
❊ 黑胡椒粉 …… 1/2茶匙
❊ 盐 …… 少许

做法

Step 1 将鸭胸肉加入混合均匀的腌渍酱料中，腌渍一天（至少腌渍4小时）。

Step 2 气炸前先把鸭肉上的香料拨掉，放入炸篮中，以200℃炸15分钟就完成。

Tips 气炸鸭胸蘸点儿玫瑰盐就很好吃。

DAY 38

香酥芋头鸭

这道芋头鸭可以说是大菜等级，做工有点儿复杂，
不过通常吃过的人都会狂点赞！
我会利用空闲时间先把芋泥做起来存放，
可以快速应用在各种料理中。

材料

* 樱桃鸭腿（无骨或带骨皆可）…… 1块，约300g
* 玉米粉（表面沾裹用）…… 1½大匙
* 鸡蛋 …… 1个
* 面包粉 …… 适量
* 橄榄油 …… 适量

〔腌渍酱料〕

❀ 酱油 …… 1大匙
❀ 料酒 …… 1大匙
❀ 花椒粉 …… 1/4茶匙
❀ 白胡椒粉 …… 1/4茶匙

〔芋泥〕

❀ 芋头（去皮切块） 300g
❀ 砂糖 …… 70g
❀ 无盐奶油 …… 30g
❀ 牛奶 …… 30g

200℃ 12~15分钟

做法

Step 1 制作芋泥。将芋头去皮切块后放入电锅（内锅不用加水）中，外锅倒入1.5米杯水蒸熟（水量可视芋头的状况增减）。完成后趁芋头还热的时候加入砂糖、无盐奶油和牛奶，用料理机或果汁机搅打均匀成泥状即可。

Tips1 芋头蒸完后，可用筷子测试一下，如果能轻松穿透芋头，就代表熟了，若觉得不够松，外锅加半米杯水再蒸一次。

Tips2 这个芋泥是我试过多次后，觉得最好吃的比例，也可以用来做成面包馅料或打成芋头牛奶，都超赞的！

Tips3 没用完的芋泥可以放于冰箱冷冻保存，并在3个星期内用完。

Step 2 在樱桃鸭腿上划几刀，方便入味。在鸭肉内加入混合均匀的腌渍酱料，同时按摩鸭肉，腌渍至少15分钟。

Tips 若买无骨的鸭腿，气炸完成后会比较好切，方便食用。不过我喜欢买带骨的，整只啃比较爽。

Step 3 将腌渍好的鸭肉放入电锅中，外锅倒入1米杯水蒸熟。

Step 4 取出150g的芋泥加入1¹/₂大匙玉米粉抓成团状，再分成2等份包覆在鸭腿两面，稍微按压密实，再于双面沾上玉米粉。

Step 5 先把鸡蛋打散，将鸭腿双面依序沾上蛋液和面包粉后，在鸭腿两面抹上一层橄榄油，放入炸篮中以200℃炸12～15分钟，就完成了。

猪五花芦笋卷

猪五花加芦笋卷，有肉有菜，双重营养，一口满足。
炸完后撒上胡椒粉、盐，多汁又好吃！

160℃　10分钟

材料

* 生芦笋 …… 150g
* 薄片猪五花 …… 12片
* 胡椒粉 …… 适量
* 盐 …… 适量

做法

Step 1 先将生芦笋切成3小段。将猪五花摊平，铺上6~7根芦笋再卷起来。

Step 2 将猪五花芦笋卷放入炸篮中，以160℃炸10分钟，撒上胡椒粉、盐，就完成了。

TIPS 炸完后可依个人口味，撒上胡椒粉或其他调料，增添风味。

猪五花豆腐卷

猪五花可以包的食材很多，豆腐就是其中的好料之一。
包了鸡蛋豆腐的猪五花卷，盛盘后撒上一点儿盐，就好吃得不得了。

① 180℃　8分钟
② 200℃　3分钟

材料

* 鸡蛋豆腐 …… 1盒
* 薄片猪五花（200g）…… 1盒
* 酱油（或烤肉酱）…… 适量
* 盐 …… 适量
* 胡椒粉 …… 适量

做法

Step 1 　将鸡蛋豆腐先从侧边对半切，再切成6小块，共切成12块。

Step 2 　用薄片猪五花将鸡蛋豆腐卷起来后，放入炸篮中，先以180℃炸8分钟，再以200℃炸3分钟，炸好后撒些盐和胡椒粉，就完成了。

 在炸最后3分钟时，刷上酱油或烤肉酱调味，也很好吃。

 炸完后可依个人口味，撒上胡椒粉或其他调料，增添风味。

蜜汁猪五花卷玉米笋

甜甜的蜜汁酱，让平常不爱吃肉、吃菜的小朋友也能乖乖就范。
也可以利用冰箱现有的食材，卷青椒、卷豆腐，
有什么卷什么，保证好吃不会走味！

❶ 180℃　8分钟
❷ 180℃　4分钟

材料

* 玉米笋 …… 约10根
* 薄猪五花 …… 20～30片
* 盐 …… 适量
* 芝麻粒 …… 适量

〔蜜汁酱〕

✿ 蜂蜜 …… 1大匙
✿ 酱油 …… 1/2大匙
✿ 蒜（切末）…… 2瓣
✿ 砂糖 …… 1/2茶匙
✿ 胡椒粉 …… 1/4茶匙

做法

Step 1　制作蜜汁酱。将"蜜汁酱"所有材料拌匀备用。

Step 2　将玉米笋切对半后，用猪五花卷起，放入炸篮中，以180℃炸8分钟，取出刷上蜜汁酱，再继续炸4分钟。

Tips　可直接将猪五花卷玉米笋放入炸篮中，也可以用不锈钢串烧叉穿起来。

Step 3　炸好摆盘后，撒上盐、芝麻粒，就完成了。

你也可以这样做

如果有剩余的蜜汁酱，可以做成秀珍菇蜜汁烧。将一盒秀珍菇洗干净后，不用放油直接将秀珍菇放入平底锅中以大火炒到出水，再将水倒掉，继续炒到两面微焦且不出水（这样菇的香气才会够），最后倒入蜜汁酱拌炒一下，闻到酱汁香就可以熄火，撒盐调味，就完成了。

DAY 42

孜然甜椒松阪猪

这道我们家餐桌常见的家常菜，以前都是用平底锅料理的，
但是自从空气炸锅来了之后，我常常把它当作炒锅了，
油不会喷得到处都是，还省去清理的麻烦，超方便的！

1 180℃ 8分钟

2 180℃ 5分钟

材料

* 松阪猪肉（切条）…… 200g
* 甜椒（切块）…… 1个
* 青椒（切块）…… 1个
* 玉米笋 …… 4根
* 孜然粉 …… 适量
* 橄榄油 …… 适量

做法

Step 1 松阪猪肉切成条状，甜椒、青椒切成
大小相近的块状。

Step 2 将松阪猪肉放入炸篮中，以180℃炸8分
钟，同时将所有蔬菜先抹橄榄油备用。

TIPS 可以自行搭配青椒、黄椒、红椒，让颜
色更丰富好看。

Step 3 气炸松阪猪肉8分钟后，倒入蔬菜拌
一拌，再以180℃炸5分钟，最后撒上
孜然粉拌一拌，就完成了。

气炸香肠

大家以前用平底锅煎香肠时，一定常遇到外皮焦掉但是里面没熟的窘境吧？
不然就是很怕被油喷到，要东躲西闪的，
现在直接放入空气炸锅中就可以去旁边纳凉坐等美味了！真是太方便了！

Pork 猪肉料理

180℃　10分钟

材料

★ 冷藏香肠 …… 6 ~ 8根

做法

香肠免切免戳洞，直接将香肠整根放入炸篮中，以180℃炸10分钟，就完成了。

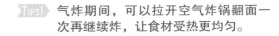 **TIPS1** 气炸期间，可以拉开空气炸锅翻面一次再继续炸，让食材受热更均匀。

TIPS2 香肠数量可视炸篮容量调整，我的炸篮最多可放10根香肠。

蜜汁叉烧

软嫩甜蜜的蜜汁叉烧，超级销魂，这一道菜端上桌，
保证让你老公重新爱上你！

① 180℃ 20分钟
② 200℃ 10分钟

材料

* 猪梅花肉（300g）…… 1块
* 蜂蜜 …… 适量

〔腌渍酱料〕

❀ 砂糖 …… 2大匙
❀ 辣豆瓣酱 …… 1茶匙
❀ 豆腐乳 …… 1块
❀ 五香粉 …… 少许
❀ 酱油 …… 1大匙
❀ 料酒 …… 1茶匙
❀ 红曲粉 …… 1茶匙

做法

Step 1 将"腌渍酱料"的所有材料混合均匀，涂抹于猪梅花肉上，腌渍一天。时间不够时，建议至少腌渍12小时。

TIPS 这道料理的腌渍酱料大约可浸泡600g的肉，所以可以将一半肉腌好，另一半冷冻保存，想吃时再拿出来解冻气炸即可。

Step 2 将腌渍好的猪肉放入炸篮中，先以180℃炸20分钟，取出翻面，并来回刷上蜂蜜2～3次，再以200℃炸10分钟，就完成了。

气炸咸猪肉

这道咸猪肉，我只用盐、蒜末、黑胡椒粉简单腌一下就很美味，
搭配蒜苗、蒜片，解腻又下饭。
也可以夹着吐司一起吃，当作豪华早餐也很不赖！

材料

* 带皮猪五花肉（约300g）…… 1条
* 蒜（切末）…… 3瓣
* 盐 …… 1茶匙
* 粗黑胡椒粉 …… 1大匙

1 180℃　15分钟
2 200℃　5分钟

做法

Step 1　将盐、粗黑胡椒粉均匀抹在猪肉上，再撒上蒜末。

Step 2　将猪肉放入密封袋或保鲜盒中，密封冷藏至少3天。

Step 3　第四天，将冷藏的猪肉取出，放入炸篮中，先以180℃炸15分钟，取出
翻面后，再以200℃炸5分钟，就完成了。

气炸脆皮烧肉

脆皮是这道菜好吃的重点，在处理猪皮的步骤时要多留意。
腌渍的时间一定要足够，肉才会入味。
虽然步骤比较繁复，但只要一想到能尝到好吃的烧肉就很值得。

材料

* 带皮猪五花肉
  （约500g，切成10cm×10cm
  大小）…… 1块

* 青葱 …… 2根

* 白醋 …… 适量

〔腌渍酱料〕

五香粉 …… 1茶匙

❀ 白胡椒粉 …… 1/2茶匙

❀ 盐 …… 1/2茶匙

❀ 砂糖 …… 1/2茶匙

做法

Step 1　煮一锅水，放入切段的葱，待水滚后放入猪肉，汆烫约5分钟。

Step 2　汆烫后的猪肉稍微用水冲洗一下，猪皮部分用菜刀轻轻来回刮3~5次，会发现刀上有杂质，用纸巾将杂质擦掉，再重复刮2次。

Step 3　在瘦肉部分用刀划两刀，注意不要划到肥肉，划刀是方便腌渍入味。

Step 4　将"腌渍酱料"所有材料混合均匀，一边涂抹在猪肉上一边按摩，涂抹时注意不要抹到猪皮上。

Step 5　准备数根烤肉用竹签，用橡皮筋将竹签绑起来，用竹签戳猪皮，戳好戳满后，在猪皮上涂抹一层薄薄的白醋。

TIPS　我嫌用一根竹签戳猪皮太慢了，所以想出了将竹签绑起来的方法，可以快速戳好猪皮。

Step 6　准备一个耐热容器，或利用锡箔纸将猪肉包起来，但猪皮要露出来，不可以包住，直接放入冰箱冷藏至少2天，可以的话，放3天更好。

Step 7　将冷藏猪肉直接放入炸篮中，将猪皮朝上，先以180℃炸30分钟，再盖上锡箔纸（避免猪皮焦掉）以200℃炸10分钟，就完成了。取出切成适当大小，就可以吃了！

TIPS　每块肉的大小不同，记得依照气炸状态，自行调整温度和时间，确保肉熟透。

气炸芝士猪排

选择薄猪肉片，再将两片叠起来制作，就省去动刀的步骤了。
因为芝士和火腿都带有咸味，所以肉片不需要事先腌渍就很好吃了。

材料

* 烤肉用猪里脊（薄片，约12片）…… 1盒
* 芝士片 …… 3片
* 火腿 …… 3片
* 鸡蛋 …… 3个
* 面包粉（炒过）…… 适量
* 低筋面粉 …… 适量

1 180℃　10分钟
2 200℃　3分钟

做法

Step 1 将两片猪里脊重叠平铺后，在上方放一片芝士片和火腿，然后再叠上两片猪里脊，并将肉片四边稍微按压一下。重复此步骤完成3份猪肉排。

Tips 因为使用的是薄片猪里脊，所以一层用两片，看起来有分量。如果买的是厚里脊肉，可以横切剖半且不要切断，再夹入芝士片与火腿。

Step 2 将步骤1的猪里脊依照顺序，沾上低筋面粉、蛋液、面包粉。

Step 3 将猪里脊放入空气炸锅中，先以180℃炸10分钟，取出翻面，再以200℃炸3分钟，就完成了。

你也可以这样做

如果买的是市售冷冻芝士猪排，无须解冻直接放入炸篮内，先以180℃炸10分钟，取出翻面，再以200℃炸6分钟，就完成了。

骰子牛拌蔬菜

以大量的蔬菜搭配牛肉粒，
还可以自行变换蔬菜种类，
冰箱有什么就加什么，
像洋葱丁、甜椒、玉米笋等，
也都很适合。

200℃   10分钟

材料

* 牛肉 …… 200g
* 小黄瓜（切块）…… 1根
* 蘑菇（切半）…… 8朵
* 西蓝花 …… 8小朵
* 盐 …… 适量
* 黑胡椒粉 …… 适量
* 橄榄油 …… 适量

做法

Step 1　准备一个耐热容器，放入小黄瓜、蘑菇、西蓝花铺底，刷上一点橄榄油。

Step 2　在蔬菜上放入牛肉粒，将容器放入空气炸锅内，以200℃炸10分钟，再加入盐、黑胡椒粉调味，就完成了。

霜降牛排

掌握好温度和时间，用空气炸锅做出来的牛排，
就是嫩嫩嫩，绝对不会让你失望。

材料

＊ 霜降牛排或菲力牛排（约350g）…… 1块
＊ 盐…… 少许

❶ 160℃　6分钟
❷ 200℃　7分钟

做法

Step 1　将冷藏牛排两面撒上少许盐后，直接放入炸篮中，先以160℃炸6分钟，取出翻面，再以200℃炸7分钟。

Tips1　牛排尽量选油花多一点的，气炸起来较多汁。

Tips2　气炸温度和时间，需随着牛排的厚度做调整。

Step 2　炸完取出，用锡箔纸包覆起来静置5分钟再切，就完成了。

你也可以这样做

除了盐的调味方式外，也可以在气炸前，用自己喜爱的香料腌渍
30分钟再气炸，变换不同风味。

咖喱迷迭香羊小排

羊小排搭配上我的独门酱料，放入空气炸锅中，
做出没有羊腥味又多汁美味的意式风味。
豪华大餐，只要一会儿就能完美端上桌。

Lamb 羊肉料理

材料

* 羊小排（约120g）…… 3块

❶ 180℃ 10分钟
❷ 200℃ 5分钟

〔腌渍酱料〕

❆ 咖喱粉 …… 1茶匙

❆ 迷迭香粉 …… 1茶匙

❆ 小茴香粉 …… 1/4茶匙

做法

Step 1 将羊小排加入混合均匀的腌渍酱料中，腌渍至少6小时，有时间的话，建议腌渍一天更好。

Step 2 将羊小排放入炸篮中，先以180℃炸10分钟，取出翻面，再用200℃炸5分钟，就完成了。

Part **4** / Seafood

丰盛海鲜料理

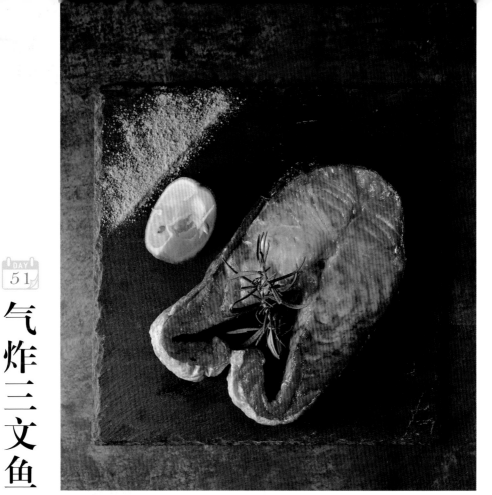

DAY
51

气炸三文鱼

将三文鱼抹上一层薄薄的盐再气炸就很好吃。
或加黄油和柠檬片，也是很对味的选择，
料理的世界那么大，尽情发挥创意吧！

❶ 180℃　10分钟
❷ 200℃　5分钟

材料

* 冷藏三文鱼（约200g）······ 1片
* 盐 ······ 适量

做法

Step 1　在冷藏三文鱼两面抹上一层薄薄的盐。

Step 2　放入炸篮中，先以180℃炸10分钟，取出
　　　　翻面，再用200℃炸5分钟，就完成了。

Tips　也可以在三文鱼表面放上少许无盐黄油、
　　　　一片柠檬一起气炸，变成奶香柠檬三文
　　　　鱼，也很好吃。

DAY
52

气炸鲭鱼

很多妈妈表示，在还没有空气炸锅的时候，都不敢煎鱼，
因为会搞得满屋子油烟，还煎失败。
自从有了空气炸锅，就能轻松优雅地做出美味不干柴的鱼料理了！

① 180℃　8分钟
② 200℃　2分钟

做法

将冷冻鲭鱼直接放入炸篮中，并在表面刷上一层橄榄油，先以180℃炸8分钟，再以200℃炸2分钟，就完成了。

Tips 1 带皮类或裹粉类食材，气炸前最好都要刷上一层油，才能使口感滋润不干柴。

Tips 2 若使用冷藏鲭鱼，可直接放入炸篮中，以180℃炸10分钟，就完成了。

材料

* 冷冻或冷藏薄盐鲭鱼 …… 1片
* 橄榄油 …… 适量

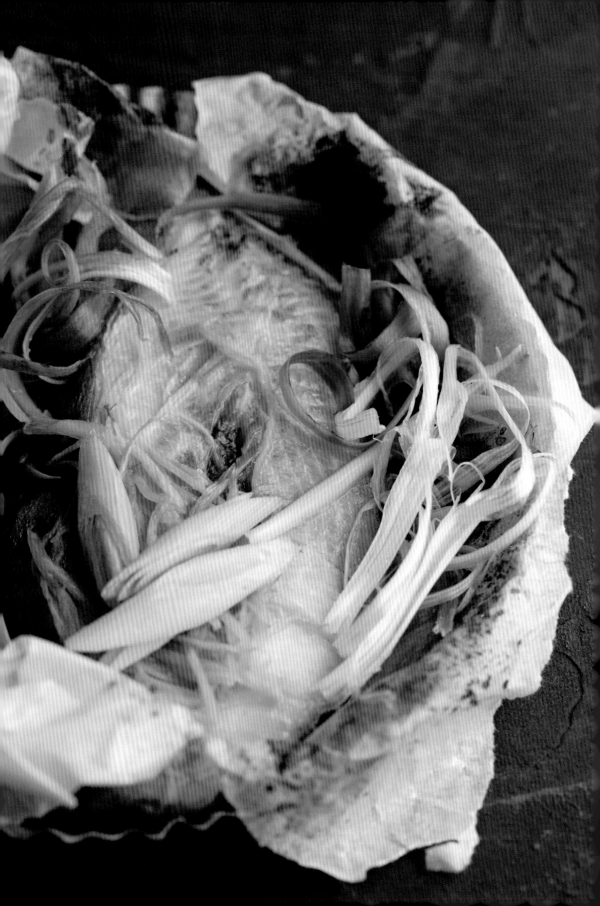

DAY 53

纸包鲽鱼

鲽鱼先腌渍过后，再用烘焙纸包着酱料一起气炸，非常入味，
保证是餐桌上的人气王，快来吃饭喽！

① 180℃　10分钟

② 200℃　10分钟

材料

＊ 鲽鱼或鳕鱼 …… 1片

〔腌渍酱料〕

※ 蒜（切末）…… 2瓣

※ 红椒粉 …… 1/4茶匙

※ 黑胡椒粉 …… 少许

※ 白酒 …… 1大匙

※ 盐 …… 适量

做法

Step 1　在鲽鱼中加入混合好的腌渍酱料，腌渍15分钟。

> 这道料理可以选择鲽鱼或鳕鱼，不过鲽鱼比较容易购买。

Step 2　用烘焙纸将鱼与腌渍酱料一起包覆起来，放入炸篮中，先以180℃炸10分钟，再用200℃炸10分钟，就完成了。

> 气炸完成，可以搭配葱丝或是蒜苗一同享用。

你也可以这样做

如果不使用烘焙纸，可将鲽鱼的两面沾上地瓜粉，并在表面抹上一层油，放入炸篮中，先以180℃炸10分钟，取出翻面，再以200℃炸5分钟，就完成了。

气炸肉鱼

利用空气炸锅来制作鱼料理，实在是方便又美味，
缺点就是一次只能炸两条，不够吃，
不过现在又出一些专门的配件，可以一次气炸三五条鱼，
有兴趣的人可再自行添购哦！

① 200℃　6分钟
② 200℃　6分钟

材料

* 冷藏肉鱼 …… 2条
* 盐 …… 适量
* 橄榄油 …… 适量

做法

在冷藏肉鱼两面抹上一些盐，并刷上一层橄榄油，
放入炸篮中，以200℃炸6分钟，取出翻面，再炸6分
钟，就完成了。

带皮类或裹粉类食材，气炸前最好都要刷上一层
油，才能使口感滋润、不干柴。

DAY
55

气炸鲅鱼

什么调料都没加！
只要挑选到一片新鲜的鲅鱼，把它送进空气炸锅，时间一到，
出来的就是一道香气十足的鱼料理！

1 180℃   10分钟
2 200℃   6分钟

材料

* 冷藏鲅鱼 …… 300g

做法

将冷藏鲅鱼直接放入炸篮中，先以180℃炸
10分钟，取出翻面，再以200℃炸6分钟，就
完成了。

TIPS 炸完后可依个人口味，撒上胡椒粉或其
他调料，增添风味。

气炸香鱼

用不锈钢串烧叉把香鱼穿起来再气炸，
立刻变身居酒屋美味料理。
不过一次只能炸3条，不可以塞满整个炸篮，
以免影响成品风味哦！

材料

* 香鱼（每条85～90g）…… 3条
* 盐 …… 适量
* 橄榄油 …… 适量

① 180℃　10分钟
② 180℃　10分钟

做法

将香鱼清洗干净后擦干，在两面抹上少量盐后，放入炸锅中，在表面刷上一层橄榄油，以180℃炸10分钟，取出翻面，再以180℃炸10分钟，完成。

TIPS 带皮类或裹粉类食材，气炸前最好都要刷上一层油，才能使口感滋润、不干柴。

TIPS 炸完后可依个人口味，撒上胡椒粉或柠檬汁，增添风味。

可以利用不锈钢串烧叉将鱼穿起，方便一次气炸多条鱼。

香酥柳叶鱼

可以把骨头一起吃下去的柳叶鱼，营养方便又好吃。
喜欢沾上一点地瓜粉，炸出香酥口感。

200℃　15分钟

材料

* 柳叶鱼 …… 8～10条
* 盐 …… 适量
* 地瓜粉 …… 适量
* 橄榄油 …… 适量

做法

Step 1　在柳叶鱼的两面抹上盐调味，再沾上地瓜粉。

Step 2　将柳叶鱼放入炸篮中，在表面抹上一层橄榄油后，以200℃炸15分钟，就完成了。

Tip 1　带皮类或裹粉类食材，气炸前最好都要刷上一层油，才能使口感滋润、不干柴。

Tip 2　炸完后可依个人口味，撒上胡椒粉或其他调料，增添风味。

 180℃   8分钟

DAY 58

炸生蚝

我家三位男人都很喜欢吃生蚝，
所以这道炸生蚝是我家餐桌点播率很高的料理，还好制作起来很简单，
可以很轻松地打发他们！

丰盛海鲜料理

  180℃   8分钟

材料

* 生蚝 …… 200g
* 盐 …… 适量
* 地瓜粉 …… 适量
* 橄榄油 …… 适量

做法

Step 1　生蚝洗净后，撒点盐抓拌均匀，再沾上地瓜粉。

Step 2　将生蚝放入炸篮中，在表面刷点橄榄油后，以180℃炸8分钟，就完成了。

Tips　气炸期间，记得拉开空气炸锅搅拌一下再继续，让食材受热更均匀。

生蚝豆豉豆腐

这道菜拌饭超好吃，
新鲜的生蚝一口吃下，瞬间尝到大海的甘甜。
这里使用的酱料超级百搭，
加在其他种类的海鲜与蔬菜中也同样好吃。

丰盛海鲜料理

180℃　10分钟

材料

* 豆腐 …… 1盒
* 盐 …… 1大匙
* 生蚝 …… 100g
* 干豆豉 …… 1大匙

〔调味料〕

❋ 酱油 …… 1大匙
❋ 料酒 …… 1茶匙
❋ 砂糖 …… 1茶匙
❋ 白胡椒粉 …… 少许
❋ 葱（切段）…… 2根
❋ 蒜（切末）…… 2瓣
❋ 辣椒（切段）…… 1根

做法

Step 1　准备一个容器，加入水（可盖住豆腐的水量，材料分量外）、1大匙盐，搅拌一下再放入豆腐，静置10分钟。

Step 2　煮一锅水，加入少许盐（材料分量外），水滚后放入生蚝氽烫15秒（不需要太久），烫好沥干备用。

Step 3　准备一个耐热容器，将泡好水的豆腐沥干后放入，接着放入烫好的生蚝，再放上干豆豉。

Step 4　倒入酱油、料酒、砂糖、白胡椒粉、葱段、蒜末和辣椒段，进行调味。

Step 5　将耐热容器放入炸篮中，以180℃炸10分钟，就完成了。

气炸墨斗鱼

用空气炸锅做出来的墨斗鱼，同样Q弹有咬劲。
质地干爽又下饭，很适合作为便当菜。

❶ 180℃　8分钟
❷ 180℃　2分钟

材料

* 墨斗鱼（约200g）…… 1条
* 地瓜粉 …… 适量
* 蒜末 …… 适量
* 葱花 …… 适量
* 胡椒盐 …… 适量
* 橄榄油 …… 适量

做法

Step 1 将墨斗鱼切成适口大小，并均匀沾上地瓜粉。

Step 2 将墨斗鱼放入炸篮中，抹上一层橄榄油，先以180℃炸8分钟，取出加入蒜末和葱花并稍微搅拌一下，再以180℃炸2分钟，就完成了。

Tips 炸完后可依个人口味，撒上胡椒盐或烤肉酱、沙茶酱，增添风味。

泰式柠檬鱼

闷热的夏天里，就来这一道泰式柠檬鱼开开胃吧！
吃腻了台菜，偶尔来点泰式风情，变换口味吧！

200℃　35分钟

材料

* 鲈鱼（约300g）…… 1条
* 洋葱（切碎）…… 半个
* 盐 …… 适量
* 白胡椒粉 …… 适量
* 料酒 …… 4大匙

〔泰式柠檬酱〕

* 柠檬汁 …… 35g
* 开水 …… 20g
* 砂糖 …… 10g
* 鱼露 …… 15g
* 辣椒（切末）…… 1根
* 香菜末 …… 15g
* 花生粉 …… 15g

做法

Step 1　将鲈鱼切半。因为炸篮无法放进一整条鱼，所以要先切半。

Step 2　准备一大张烘焙纸，在底部铺上洋葱碎，在鱼两面抹上盐、白胡椒粉，放在洋葱碎上，再将烘焙纸放入炸篮内。

Step 3　在烘焙纸内倒入料酒，再把烘焙纸收口将鱼包起来，以200℃炸35分钟。

Step 4　将"泰式柠檬酱"的材料搅拌均匀备用。

Step 5　取出烘焙纸，先将洋葱碎盛盘，再放上鱼，最后淋上泰式柠檬酱，就完成了。

金沙鱼皮

有人跟我一样爱吃金沙料理吗？
咸香咸香的滋味，每次一想到就流口水。
有一次吃到新加坡畅销的零食——
咸蛋黄鱼皮，给了我做这道料理的灵感，
成品果然是不负我望超好吃，大家一定要试试看！

200℃   12分钟

材料

* 虱目鱼皮（切小段）······6条
* 盐 ······ 1/4茶匙
* 料酒 ······ 1/2茶匙
* 太白粉 ······ 适量
* 橄榄油 ······ 适量
* 咸蛋黄（压碎）······ 2～3个
* 蒜末 ······ 适量
* 罗勒 ······ 适量
* 砂糖 ······ 1茶匙
* 胡椒粉 ······ 适量
* 辣椒（可省略）······ 适量

做法

Step 1 取一容器，放入虱目鱼皮，加入盐、料酒搅拌混合，腌渍10分钟。

Step 2 10分钟后，取出鱼皮，用厨房纸巾吸干水分。

Step 3 将鱼皮两面均匀沾上太白粉，放入炸篮中，在鱼皮表面抹上一层橄榄油，以200℃炸12分钟。

气炸期间，记得拉开空气炸锅翻面一次再继续炸，让食材受热更均匀。

Step 4 平底锅内加入适量的橄榄油，以中大火热油锅，放入咸蛋黄和蒜末，将咸蛋黄炒至大量冒泡，再将气炸好的鱼皮加入炒锅中快速拌炒，让咸蛋黄完整包覆鱼皮即可。

Step 5 起锅前，再加入罗勒、砂糖、辣椒，撒上胡椒粉，就完成了。

丰盛海鲜料理

DAY
63

凤梨虾球

没想到在家也能轻松做出好吃的凤梨虾球！
用空气炸锅制作，油少酥脆又美味。
酱汁是这道料理的灵魂之一，
让每个虾仁和凤梨都紧紧裹上柠檬沙拉酱，开胃又好吃。

① 180℃　　5分钟

② 200℃　　6→2分钟

材料

* 虾仁 …… 200g
* 凤梨 …… 100g
* 玉米粉 …… 2大匙
* 橄榄油 …… 适量

〔腌渍酱料〕

* 蛋黄 …… 1个
* 玉米粉 …… 1茶匙
* 蛋黄酱 …… 1茶匙

〔柠檬沙拉酱〕

* 蛋黄酱 …… 50g
* 柠檬汁 …… 半个量

做法

Step 1　将"腌渍酱料"的所有材料混合均匀。

Step 2　虾仁开背或不开背都可以。在虾仁里加入腌渍酱料，抓匀腌渍至少10分钟。

因为虾仁熟了会缩水，所以可挑选大一点的虾仁，口感较好。

Step 3　将凤梨切成小片备用。

Step 4　在炸篮内抹上一层橄榄油，先以180℃预热5分钟。

Step 5　等待预热的同时，制作柠檬沙拉酱，将蛋黄酱和柠檬汁拌匀备用。

Step 6　腌好的虾仁加入玉米粉抓匀，呈现湿润状态，放入预热好的空气炸锅中，以200℃炸6分钟。

放入虾仁时要平铺摆放，尽量不要重叠。

气炸期间，记得拉开空气炸锅翻面一次再继续炸，让食材受热更均匀。

Step 7　加入凤梨和柠檬沙拉酱拌匀后，以200℃炸2分钟，即完成。

搅拌后再气炸一下，让虾仁和凤梨都可均匀地沾上酱汁且更加入味。

丰盛海鲜料理

金沙虾

拥抱咸蛋黄的虾，咸香咸香，吃完保证会一直舔手指。
使用带壳虾或虾仁都可以，一样美味！

200℃　8分钟

材料

* 虾 …… 12只
* 料酒 …… 适量
* 橄榄油 …… 适量
* 咸蛋黄 …… 3个
* 蒜末 …… 适量
* 砂糖 …… 1茶匙

做法

Step 1　将虾的触须剪掉并洗净。

Step 2　取一耐热容器，放入虾、淋上一点料酒，放入炸篮中，以200℃炸8分钟。

Step 3　在炒锅中放入橄榄油，以中大火热油，放入切碎的咸蛋黄、蒜末、砂糖，拌炒到咸蛋黄冒大量泡泡，再放入气炸好的虾，快速拌炒，让咸蛋黄均匀沾裹虾即可起锅。

可依个人喜好，撒上辣椒圈或罗勒，增添风味。

气炸盐焗虾

气炸盐焗虾也是一道跷着脚就能坐等开饭的料理。
除了虾，也可以加入无盐黄油、蒜末，
做成奶油蒜香虾，一样好吃！

200℃　8~10分钟

材料

* 虾 …… 12只
* 料酒 …… 适量
* 盐 …… 适量

做法

Step 1　将虾的触须剪掉，稍微冲洗干净，先淋上一点料酒轻轻拌一下，再抹上一层薄薄的盐。

> **Tips**　因为要加盐，建议使用冷藏或新鲜常温虾。如使用冷冻虾需先退冰，以免盐沾不上去。

Step 2　把虾放入炸篮中，以200℃炸8~10分钟，就完成了。

> **Tips**　气炸期间，记得拉开空气炸锅翻拌一次再继续，让食材受热更均匀。

66

虾仁毛豆时蔬

冰箱有什么就加什么，应该是妈妈们的强项。
选择当季时蔬，不仅便宜也最好吃，
再稍微搭配一下食材颜色，
就是一道色香味俱全的秒杀料理！

1 160℃　6分钟

2 180℃　6分钟

材料

* 毛豆 …… 120g　* 虾仁 …… 200g　* 甜椒（切块）…… 1个　* 蘑菇（切半）…… 6朵
* 蒜（切末）…… 2瓣　* 盐 …… 少许　* 黑胡椒粉 …… 少许　* 橄榄油 …… 适量

做法

Step 1 　将毛豆、虾仁、甜椒、蘑菇、蒜末放入炸篮中，加入盐和黑胡椒粉拌匀调味，在食材表面刷上一层橄榄油。

Step 2 　以160℃炸6分钟，取出翻拌一下，再以180℃炸6分钟，就完成了。

Part **5** / Home cooked

家常菜

XO酱炒茄子

茄子的烹调方式十分多变。用空气炸锅料理茄子时，
先掌握"泡盐水、肉划十字、正确气炸方向"的三大原则，
再视个人喜好加入各式酱料或配料，做出各种变化。

🌡️ 180℃　⏱️ 8分钟

材料

* 茄子（约120g）······ 1个
* 水 ······ 适量
* 盐 ······ 1茶匙
* XO酱 ······ 1大匙
* 橄榄油 ······ 适量

做法

Step 1 先将盐加入水中搅拌均匀后，放入切块的茄子浸泡约10分钟备用。

Tips 茄子泡盐水，可减缓氧化速度，避免变黑。

Step 2 在茄子白肉部分用刀尖划上十字后，将白肉朝上，放入底部抹橄榄油的炸篮中。

Tips 气炸蔬菜料理时，记得都要先抹油再气炸，避免食材过干。

Step 3 以180℃炸8分钟后，淋上XO酱，就完成了。

芝士茄子

茄子炸完后会呈现外脆内软的状态。
表层的茄子皮搭配芝士炸起来十分香酥，类似意式餐厅的香浓焗烤料理，
咬下却是蔬菜的清爽口感，十分特别，推荐大家一定要试试看。

① 160℃ 8分钟
② 160℃ 2分钟

材料

* 茄子（约120g）…… 1个
* 水 …… 适量
* 盐 …… 1茶匙
* 芝士碎 …… 适量
* 黑胡椒粉 …… 适量
* 橄榄油 …… 适量

做法

Step 1　先将盐加入水中搅拌均匀后，放入切块的茄子浸泡约10分钟备用。

TIPS　茄子泡盐水，可减缓氧化速度，避免变黑。

Step 2　在茄子白肉部分用刀尖划上十字后，将白肉朝上，放入底部抹橄榄油的炸篮中。

TIPS　气炸蔬菜料理时，记得都要先抹油再气炸，避免食材过干。

Step 3　先以160℃炸8分钟，铺上芝士碎、撒上黑胡椒粉后，再以160℃炸2分钟，完成。

破布子炒水莲

常见的水莲除了用炒锅料理外，利用空气炸锅也很适合哦！
等待气炸的时间就可用炒锅来料理别道菜，大大缩短做菜时间。

🌡️ ⏱️

① 180℃　3分钟

② 180℃　4分钟

材料

* 水莲（约180g）…… 1包
* 蒜（切末）…… 2瓣
* 破布子 …… 1大匙
* 姜丝 …… 适量
* 盐 …… 适量
* 橄榄油 …… 适量

做法

Step 1 　将水莲洗干净切成数段备用。

Step 2 　在耐热容器内抹上一层薄薄的橄榄油，再放入蒜末、破布子，以180℃炸3分钟。

Step 3 　将水莲放入空气炸锅内，在表面刷上一层橄榄油，继续以180℃炸4分钟。炸的期间记得拉出来拌一拌，并加入姜丝和盐，就完成了。

香菇甜豆综合时蔬

利用空气炸锅制作蔬菜料理，
不仅用油量较少，而且口感清爽，享受食材本身的天然风味。
随意搭配自己喜欢吃的季节蔬菜，然后放心地交给空气炸锅就能坐等上菜了！

家常菜

  160℃　 10分钟

材料

* 玉米笋 —— 100g
* 香菇 —— 4朵
* 甜豆 —— 150g
* 蒜（切末）—— 2瓣
* 开水 —— 1大匙
* 盐 —— 适量
* 黑胡椒粉 —— 适量
* 橄榄油 —— 适量

做法

Step 1　准备一个耐热容器，在底部刷上一层橄榄油后，将所有食材放入，再淋上1大匙的开水。

气炸蔬菜类料理时，加入一点水可以防止食材过干。

Step 2　以160℃炸10分钟。气炸期间，记得拉开空气炸锅搅拌一下再继续炸，搅拌时可加入盐、黑胡椒粉调味，或完全炸完后再调味。

 DAY 71

豆皮炒西蓝花

豆皮煎炸过后会有独特的香气，搭配上蔬菜会有美味加乘的效果。这道料理干爽、没有多余水分，也很适合作为便当菜。

① 200℃　5分钟
② 160℃　7分钟

材料

* 牛豆皮（约120g）…… 2片
* 西蓝花 …… 1个
* 蒜（切末）…… 2瓣
* 橄榄油 …… 适量

做法

Step 1　将生豆皮切成块状或条状，放入炸篮中，表面再刷上一层橄榄油，以200℃炸5分钟。

Step 2　接着再把切好的西蓝花、蒜末放入空气炸锅内，连同豆皮再以160℃炸7分钟，就完成了。

Tips 1　气炸蔬菜料理时，记得都要先抹油再气炸，避免食材过干。我喜欢在气炸肉料理后用多余的油来气炸蔬菜，省油不浪费。

Tips 2　气炸期间，记得拉开空气炸锅搅拌一下再继续炸，让食材受热更均匀。

DAY 72

小鱼干小杭椒

这道有着微辣滋味的小鱼干小杭椒非常下饭，
只要它出现，饭就要多煮一点儿。
也可以再加点肉片或虾仁，做出更丰富营养的菜色变化。

材料

❶ 180℃　5分钟
❷ 180℃　5分钟

* 橄榄油 …… 1茶匙
* 蒜（切末）…… 2瓣
* 小鱼干 …… 30g
* 小杭椒（切小块）…… 150g
* 辣椒（切小块）…… 1条
* 料酒 …… 1/2茶匙
* 砂糖 …… 1茶匙
* 盐 …… 适量
* 胡椒盐 …… 适量

做法

Step 1　准备一个耐热容器，在底部抹上一层橄榄油后，放入蒜末和小鱼干，再放入空气炸锅内以180℃炸5分钟。

Step 2　拉开空气炸锅，再放入小杭椒、辣椒、料酒，以180℃继续炸5分钟。完成时撒上砂糖、盐和胡椒盐拌匀，就完成了。

气炸豆干

这道气炸豆干不管是原味还是加入酱料，都很美味。

材料

* 豆干 …… 8块
* 烤肉酱（可依个人喜好添加）…… 适量

200℃   10分钟

做法

将豆干切成小块状（可依个人喜好切成各种形状），放入炸篮中并刷上烤肉酱或喜欢的酱料，以200℃炸10分钟，就完成了。

DAY
74

豆皮香葱卷

生豆皮包青葱，炸完直接吃，撒胡椒粉，或刷上任何酱料都好吃！
想要咸沙茶、辣豆瓣，还是和风味？刷上自己喜欢的口味，最对味！

材料

* 生豆皮（冷藏）…… 3片
* 青葱（切段）…… 5根
* 烤肉酱或酱油 …… 适量

1 200℃   5分钟
2 200℃   3分钟

做法

Step 1   先将冷藏的生豆皮摊开呈长片状，再放上葱段并卷起包覆。

Step 2   将豆皮葱卷放进炸篮中，以200℃炸5分钟，取出，在豆皮表面刷上烤
肉酱或酱油，再气炸3分钟，就完成了。

麻油鸡心

软嫩入味的鸡心，加上浓浓的麻油香气，
光闻香味就觉得幸福！

❶ 180℃　5分钟
❷ 160℃　8分钟

材料

* 鸡心 …… 200g
* 芝麻油 …… 2大匙
* 姜片 …… 10片
* 料酒 …… 2大匙
* 盐 …… 1/2茶匙

做法

Step 1　准备一个耐热容器，放入芝麻油、姜片，再放入炸篮中，以180℃炸5分钟，进行预热并爆香。

Step 2　放入鸡心、料酒、盐，拌一拌，以160℃炸8分钟，完成。

肉丝炒油菜

肉丝炒油菜或是肉丝炒芥蓝菜，
都是我家餐桌常见的料理，平凡简单的好滋味。

❶ 180℃　3分钟

❷ 180℃　6分钟

做法

Step 1 　准备一个耐热容器，放入橄榄油、蒜末、猪肉丝，稍微翻拌一下再放入炸篮中，以180℃炸3分钟，进行预热并爆香。

材料

* 油菜 …… 180g

* 猪肉丝 …… 50g

* 开水 …… 50mL

* 蒜（切末）…… 3瓣

* 橄榄油 …… 1茶匙

* 盐 …… 1/4茶匙

Step 2 　将油菜、50mL的开水放入，拌一拌，在油菜表面抹点橄榄油，以180℃炸6分钟。

TIPS 气炸期间，记得拉开空气炸锅搅拌一下再继续炸，让食材受热更均匀。

Step 3 　气炸完成后取出，加入盐拌一拌调味，就完成了。

三杯米血

这道简单又销魂的三杯米血，当点心或是配菜，
都非常"涮嘴"！当作夜宵或下酒菜也很适合。

材料

* 米血（切块）…… 200g
* 橄榄油 …… 1茶匙
* 姜片 …… 8片
* 去皮蒜 …… 8瓣
* 罗勒 …… 适量

〔酱料〕

❀ 料酒 …… 2大匙
❀ 芝麻油 …… 2大匙
❀ 酱油膏 …… 2大匙

① 180℃   3分钟
② 180℃   5→3分钟

做法

Step 1 准备一个耐热容器，放入橄榄油、姜片、蒜，以180℃炸3分钟，预热并爆香。

Step 2 放入米血，以180℃炸5分钟。

Step 3 放入酱料拌一拌，以180℃炸3分钟，完成时放入适量罗勒闷30秒即可。

面包屑炸西蓝花

这是我自己在厨房里乱试乱加，不小心搭配出来的料理，
意外地好吃呢！又酥又香，不爱吃菜的小朋友也会喜欢哦！

材料

* 西蓝花 —— 1个
* 鸡蛋 —— 1个
* 橄榄油 —— 适量

〔调味面包粉〕

※ 炒过的面包粉 —— 70g
※ 盐 —— 2g
※ 黑胡椒粉 —— 2g
※ 蒜（切末） —— 3瓣

200℃　　12分钟

做法

Step 1 将西蓝花洗净切小朵，鸡蛋打成蛋液备用。

Step 2 取一容器，放入炒过的面包粉、盐、黑胡椒粉、蒜末，搅拌混合均匀。

Step 3 将西蓝花沾上蛋液，再沾裹调味面包粉后，放入炸篮中，在表面抹上一层橄榄油，以200℃炸12分钟。

DAY
79

蚝油炒双菇

每当我想要偷懒的时候，
好处理又很快熟的菇类食材，就是我快速上菜的利器。
加上蚝油、香菜，就是一道香喷喷的家常料理。

家常菜

❶ 160℃　8分钟
❷ 160℃　2分钟

材料

* 雪白菇 ⋯⋯ 1包，约120g
* 蟹味菇 ⋯⋯ 1包，约120g
* 橄榄油 ⋯⋯ 1茶匙
* 蒜（切末）⋯⋯ 3瓣
* 蚝油 ⋯⋯ 1大匙
* 黑胡椒粉 ⋯⋯ 适量
* 盐 ⋯⋯ 适量
* 青葱（切末）⋯⋯ 2根

做法

Step 1　将雪白菇、蟹味菇切好洗净备用。

Step 2　准备一个耐热容器，抹上一层橄榄油，放入蒜末，再放入双菇，以160℃炸8分钟。

Step 3　拉开空气炸锅，再放入蚝油、黑胡椒粉、盐，搅拌均匀，以160℃炸2分钟。

Step 4　最后放入葱花拌匀即完成。

酥炸杏鲍菇

每次去夜市或老街买现炸杏鲍菇，都觉得吃不过瘾，
酥脆外皮包裹着多汁杏鲍菇，让人一口接一口地吃。
自从有了空气炸锅，想吃多少就炸多少，在家就能享受到幸福美味。

① 200℃　15分钟

② 200℃　5分钟

材料

* 杏鲍菇（约300g）…… 4根
* 盐 …… 少许
* 胡椒盐 …… 适量
* 鸡蛋 …… 1个
* 地瓜粉 …… 适量
* 橄榄油 …… 适量

做法

Step 1　将杏鲍菇切丁后，加入盐拌匀，静置10分钟，让杏鲍菇出水，稍微用开水清洗后，再将水分沥掉。

杏鲍菇烹煮后会缩水，可以稍微切大块一点，口感较好。

Step 2　在杏鲍菇中加入1茶匙胡椒盐、打入鸡蛋，用手拌匀。

Step 3　加入地瓜粉，均匀地裹在杏鲍菇上，静置5分钟，等待反潮（表面潮湿）。

Step 4　在炸篮内侧抹上一层橄榄油，放入杏鲍菇，在杏鲍菇表面也刷上橄榄油。

Step 5　先以200℃炸15分钟，拉开空气炸锅搅拌一下后，再以200℃炸5分钟，最后撒上少许胡椒盐，就完成了。

你也可以这样做

如果没时间裹粉，也可以将杏鲍菇直接气炸。同步骤1的方法，先用一点盐抓拌均匀，让杏鲍菇出水后，再放入空气炸锅内以180℃炸10分钟即可。可依个人口味撒点胡椒粉、盐、五香粉，简单又美味。

黄油丝瓜蛤蜊

每年到了丝瓜盛产季节，
我家餐桌一定就会出现丝瓜蛤蜊这道经典家常菜。
加入了姜丝和奶油，可去掉原有的腥味，多了淡淡清香。
掌握空气炸锅时间，让丝瓜脆口不软烂。

材料

① 180℃ 10分钟
② 180℃ 10~15分钟

* 丝瓜（削皮切块，约500g）…… 1根
* 蛤蜊 …… 8个
* 盐 …… 适量
* 无盐黄油 …… 10g
* 姜丝 …… 适量

做法

Step 1 准备一个耐热容器，将所有材料放入，再用锡箔纸
包覆住容器表面。

Step 2 在空气炸锅底篮中倒入半杯水（材料分量外），再将耐热容器放入炸
篮中，以180℃炸10分钟。

 底篮主要是空气炸锅盛接食材多余油脂的地方，倒入水是为了模拟电锅
煮菜。

Step 3 拉开空气炸锅，将锡箔纸拿掉，继续以180℃炸10~15分钟。

 气炸期间，记得拉开空气炸锅搅拌一下再继续炸，让食材受热更均匀。

白酱焗双菜

加了满满牛奶的白酱香浓又营养。
牛奶补钙保护骨骼，蔬菜提供纤维帮助消化，为活力大加分。
用不完的白酱除了做意大利面外，抹面包上也很好吃哦！

160℃   8~10分钟

材料

* 西蓝花 —— 100g
* 娃娃菜 —— 100g
* 盐 —— 适量
* 芝士碎 —— 50g
* 水 —— 1米杯

〔万用白酱〕

* 无盐黄油 —— 40g
* 低筋面粉 —— 45g
* 牛奶 —— 360g
* 帕玛森芝士粉 —— 1大匙
* 黑胡椒粉 —— 1/4茶匙
* 盐 —— 1/4茶匙

做法

Step 1   将西蓝花与娃娃菜洗净切块备用。

Step 2   制作万用白酱。用中小火将无盐黄油熔化后，加入低筋面粉搅拌至吸饱黄油，再分次倒入牛奶，每次加入时，要注意搅拌至看不到牛奶后，再继续倒入。最后加入帕玛森芝士粉搅拌均匀，完成后会呈现浓稠状，再加入盐和黑胡椒粉即完成万用白酱。

TIPS1   此制作分量大约为400g，做这道料理时会用掉200g，剩下的可以密封冷藏，于3~5天内用完，用来煮浓汤或意大利面都很好吃。

TIPS2   万用白酱冷却后会凝结成固体，这是正常的，加热即会恢复正常浓稠状。

Step 3   准备一个炒锅，倒入一杯水和步骤1的蔬菜，以中火焖煮约8分钟，将残留的水倒出，再加入200g万用白酱拌炒一下，并加入盐调味。

Step 4   将步骤3的万用白酱蔬菜倒入耐高温的容器中，再铺上芝士碎，放入空气炸锅中以160℃炸8~10分钟，就完成了。

糖醋豆腐

豆腐类料理中的糖醋口味,用空气炸锅就能做。
除了气炸豆腐的基底外,酱汁是关键,只要掌握了这两个项目,
就能自由变换出自己的专属好料。

① 180℃　10分钟

② 200℃　3分钟

材料

* 豆腐 …… 1盒
* 橄榄油 …… 1大匙

〔糖醋酱〕

❀ 橄榄油 …… 1大匙

❀ 番茄酱 …… 2.5大匙

❀ 白醋 …… 2大匙

❀ 砂糖 …… 2大匙

❀ 开水 …… 2大匙

❀ 盐 …… 少许

❀ 水淀粉（淀粉与水的比例
可自行调配）…… 适量

做法

Step 1 制作糖醋酱。准备一个小锅，倒入
1大匙橄榄油以中小火热锅。先倒
入番茄酱炒香，接着加入白醋、砂
糖、开水、盐，拌炒均匀后再加入
水淀粉勾芡即完成。

Step 2 将豆腐切成9小块，在豆腐的每个
面皆抹上一层橄榄油。放入炸篮
中，先以180℃炸10分钟，取出翻
面再以200℃炸3分钟，取出盛盘。

Step 3 将糖醋酱淋在豆腐上，就完成了。

你也可以这样做

若觉得只有糖醋豆腐太单调，也可准备一些甜椒、洋葱（记得将蔬
菜类抹上一层油，避免食材太干），切成差不多的大小。先将豆腐
以180℃炸10分钟，取出翻面并放入甜椒、洋葱，再以200℃炸3分
钟即可。

羊肉炒芥蓝

一般人会以为空气炸锅只能用来料理肉类、海鲜，
其实用它来拌炒蔬菜也是很不错哦！虽然口感无法跟炒的一模一样，
但简单好操作又不用开火，很方便哦！
尤其半夜想来盘蔬菜料理，都不用怕吵到别人了。

家常菜

材料

* 芥蓝 …… 1把
* 蒜（切末）…… 3瓣
* 开水 …… 30mL
* 羊肉片 …… 100g
* 盐 …… 适量
* 橄榄油 …… 适量

① 200℃   1分钟
② 180℃   2→2→1分钟

做法

Step 1   将芥蓝洗净切段备用。

Step 2   准备一个6寸（1寸=3.33厘米）不粘蛋糕模或耐热容器，在底部喷点橄榄油，放入蒜末、1/3的芥蓝、开水和羊肉片，以200℃炸1分钟。

Step 3   拉开空气炸锅，搅拌一下再加入1/3芥蓝、抹上一层橄榄油，以180℃炸2分钟；按照同样方式，加入剩下的芥蓝，炸2分钟。

Tips1   叶菜类烹调前体积大，所以要分次放入。

Tips2   将芥蓝分次放入并刷油，这样青菜的水分才能被油保护住。

Step 4   加入盐拌一拌，以180℃炸1分钟，即完成。

皮蛋炒地瓜叶

地瓜叶拌酱油膏或是油葱酥就很好吃了，
偶尔想来点小变化时，就加入皮蛋一起炒。
简单朴实的味道，我从小吃到大，现在换我做给儿子们吃，
也算是一种美味传承。

材料

* 地瓜叶 —— 120g
* 皮蛋（切小块）—— 1个
* 蒜（切末）—— 3瓣
* 橄榄油 —— 1茶匙
* 开水 —— 50mL
* 盐 —— 1/4茶匙

1 180℃   3分钟
2 180℃   1→2→2分钟

做法

Step 1 准备一个耐热容器，放入皮蛋、蒜末、1茶匙橄榄油拌一下，放入炸篮中，先以180℃炸3分钟，进行预热并爆香。

Step 2 将地瓜叶分3次放入，每放入一次就要搅拌一下并刷点橄榄油。加入第一次地瓜叶时，同时加入50mL的开水，以180℃炸1分钟；第二次炸2分钟；最后一次炸2分钟。

TIPS1 每放入一次地瓜叶都要搅拌一下并刷一点橄榄油，避免表面太干。

TIPS2 叶子多的蔬菜，需要分次放入，避免量太多时，太靠近空气炸锅上面的加热器烧焦；若梗比较多的蔬菜，就可以一次下比较多的量。

Step 3 气炸后，加入盐拌一拌调味，即完成。

DAY 86

干煸芸豆

好吃的干煸芸豆，超级下饭。
加上猪绞肉润滑的天然油脂，好吃度不输炒的哦！
用气炸的方式简单出菜啰！

家常菜

1 160℃　5分钟

2 180℃　5分钟

3 200℃　2分钟

材料

* 芸豆……200g
* 猪绞肉……60g
* 白胡椒粉……1/4茶匙
* 橄榄油……适量
* 蒜（切末）……3瓣
* 干辣椒……2大匙
* 胡椒盐……适量

做法

Step 1　将芸豆洗净切段备用。

Step 2　猪绞肉加入白胡椒粉，抓拌均匀备用。

Step 3　准备一个耐热容器，在底部刷上一层橄榄油，放入蒜末、芸豆，最后再铺上猪绞肉。

Step 4　放入炸篮中，以160℃炸5分钟，拉开空气炸锅搅拌一下，以180℃炸5分钟，再拉出加入干辣椒、胡椒盐搅拌均匀，最后再以200℃炸2分钟。

蔬菜烘蛋

将蔬菜藏在蛋液里，调味一下，
让气炸来完成它，少油但又不失美味，零技巧，
跟着我简单做，大家都能做出蓬蓬的烘蛋。
这是一道人人都会爱上的料理，尤其是不爱吃蔬菜的小朋友，
都能一口接一口哦！

家常菜

1　180℃　3分钟
2　180℃　6→6分钟

材料

* 甜椒 …… 半颗
* 西蓝花 …… 4小朵
* 罗勒 …… 少许
* 鸡蛋 …… 4个
* 牛奶 …… 2大匙
* 盐 …… 适量
* 芝士粉 …… 适量
* 橄榄油 …… 适量

做法

Step 1　将甜椒、西蓝花洗净，切成大小相近的块状。

Step 2　取一个容器，打入鸡蛋，加入牛奶、切好的蔬菜、罗勒，撒上盐和芝士粉，搅拌均匀。

Step 3　准备一个耐热容器 [我是用6寸（1寸=3.33厘米）不粘蛋糕模]，在容器底部和周围都抹上一层薄薄的橄榄油后，放入炸篮中以180℃预热3分钟。

Step 4　预热完成后，将步骤2的材料倒入，以180℃炸6分钟，拉开空气炸锅搅拌一下，避免表面太焦，再继续炸6分钟，即完成。

甜椒镶蛋

那个谁谁谁，家里是不是也有不爱吃蔬菜的小孩，
教大家把一些菜放到甜椒里，再用蛋液和芝士把它们封起来，
神不知鬼不觉地骗小孩吃下，哈哈，这就是我的妙招，
分享给其他苦恼的妈妈们。

❶ 150℃　10→5分钟
❷ 150℃　5分钟

材料

* 甜椒 ····· 2个　* 鸡蛋 ····· 2个　* 毛豆 ····· 适量　* 玉米粒 ····· 适量
* 西蓝花 ····· 适量　* 盐 ····· 适量　* 黑胡椒粉 ····· 适量　* 芝士碎 ····· 适量

做法

Step 1　将甜椒切掉蒂头，把籽清空，清洗干净。

Step 2　在甜椒内打入鸡蛋，放入综合蔬菜，撒上盐与黑胡椒粉，搅拌均匀。

Step 3　将甜椒放入炸篮中，以150℃炸10分钟，拉开空气
炸锅，将表面烤熟的蛋戳破搅一搅，帮助里面馅料
更快熟，继续炸5分钟。

TIPS　以低温气炸，才能保留蔬菜的甜味与水分。

Step 4　拉开空气炸锅，在表面撒上芝士碎，再炸5分钟，
即完成。

椒盐皮蛋

皮蛋算是我家冰箱的常备食材之一，
想要凉爽消暑时，就做成皮蛋豆腐；
想要来点酥炸重口味时，
就做成这道椒盐皮蛋，下饭又下酒！

① 180℃　　5分钟
② 180℃　　3分钟

材料

* 皮蛋 …… 3个
* 低筋面粉 …… 适量
* 橄榄油 …… 适量
* 葱花 …… 适量
* 蒜末 …… 适量
* 辣椒（切碎）…… 适量
* 胡椒盐 …… 1/4茶匙

做法

Step 1 将整颗皮蛋用滚水煮3分钟，使蛋黄稍微凝固（比较好切）。取出放凉再剥壳并切成四等份。

Step 2 将皮蛋沾上少许低筋面粉，放入耐热容器中，在皮蛋表面抹上一层橄榄油后，放入炸篮中，以180℃炸5分钟。

Step 3 拉开空气炸锅，放入葱花、蒜末、辣椒，搅拌均匀，继续炸3分钟。

Step 4 加入胡椒盐拌匀，即完成。

三色蛋

咸蛋、皮蛋、鸡蛋，三蛋合一！
可以一次吃到3种蛋的不同口感，
视觉味觉都很有层次的家常风味。

160℃　10→5→5分钟

材料

* 鸡蛋 …… 3个
* 咸蛋 …… 1个
* 皮蛋 …… 2个
* 橄榄油 …… 适量

做法

Step 1 将鸡蛋的蛋白、蛋黄分开备用。

Step 2 将咸蛋的蛋白、蛋黄分开，分别切成小块备用。

Step 3 将皮蛋切小块备用。

Step 4 准备一个耐热容器，在底部和四周都抹上橄榄油，并在底部铺一张烘焙纸，这样炸好时，蛋不会粘在容器上。

Step 5 先在容器内铺上咸蛋黄、皮蛋，再放入已经混合的鸡蛋蛋白和咸蛋蛋白，放入空气炸锅中，先以160℃炸10分钟后，倒入蛋黄液，再以160℃炸5分钟，表面包覆锡箔纸，最后用160℃炸5分钟，就完成了。

DAY
91

咖喱香肠蛋炒饭

隔夜饭大变身！

这个少油版的气炸炒饭，不会太油也不会太干，而且粒粒分明，很好吃哦！

重点是，不用炒到大粒汗、小粒汗一直流了。

① 180℃   3分钟
② 170℃   5→5分钟
③ 170℃   2→5分钟

材料

* 白米饭 …… 1碗，约200g
* 鸡蛋 …… 1个
* 盐 …… 适量
* 咖喱粉 …… 1/2茶匙
* 熟香肠（切丁）…… 1条
* 熟玉米粒 …… 1大匙
* 橄榄油 …… 适量

做法

Step 1　准备一个耐热容器，底部喷橄榄油后，放入空气炸锅内以180℃炸3分钟预热。

Step 2　将白米饭、蛋液、盐、咖喱粉抓拌均匀备用。

Step 3　把步骤2的材料倒入预热好的耐热容器中，以170℃炸5分钟后，拉出空气炸锅放入香肠丁、熟玉米粒，搅拌一下并在表面喷橄榄油，再以170℃炸5分钟，拉出来搅拌一下，再继续以170℃炸2～5分钟，就完成了。

时蔬炒面

空气炸锅也能做炒面？没错，空气炸锅就是这么万能，
一次可制作1～2人的分量，简单做，快乐吃！

材料

* 橄榄油 ⋯⋯ 1茶匙
* 胡萝卜（切丝）⋯⋯ 20g
* 洋葱（切丝）⋯⋯ 半个
* 蒜（切末）⋯⋯ 3瓣
* 香菇（切丝）⋯⋯ 2朵
* 油面 ⋯⋯ 200g
* 开水 ⋯⋯ 1米杯
* 白胡椒粉 ⋯⋯ 1/4茶匙
* 酱油 ⋯⋯ 1茶匙
* 乌醋 ⋯⋯ 1/4茶匙
* 青葱（切段）⋯⋯ 1根

① 180℃　3分钟
② 200℃　5分钟

做法

Step 1　准备一个耐热容器，放1茶匙橄榄油后，再放入胡萝卜丝、洋葱丝、蒜末、香菇丝，以180℃炸3分钟，进行预热与爆香。

Step 2　加入油面、1米杯开水、白胡椒粉、酱油，拌一拌，以200℃炸5分钟。

> 每1～2分钟拉出来拌一拌，再继续气炸，使受热更均匀。

Step 3　气炸完成，取出淋上乌醋和葱段，美味的炒面就完成了。

Part 6 / Dessert

空气炸锅点心

DAY
93

气炸玫瑰戚风蛋糕

用空气炸锅也能做出漂亮又好吃的戚风蛋糕，
而且成品不会凹缩，质地组织也很棒。
不过记得面糊不要倒太满，太接近发热线容易烧焦，
就会变黑玫瑰蛋糕了哦!

② 180℃　5分钟
② 150℃　20分钟
③ 160℃　10分钟

材料

* 苹果 …… 半个
* 橄榄油 …… 30g
* 牛奶 …… 50g
* 低筋面粉 …… 50g
* 蛋黄 …… 3个量
* 蛋白 …… 3个量
* 细砂糖 …… 50g

做法

Step 1　先将苹果切片，再泡盐水备用。低筋面粉过筛备用。

Step 2　将橄榄油和牛奶用小火烹煮，边加热边搅拌至锅边冒小泡，即可熄火。

Step 3　在步骤2的锅中先加入低筋面粉拌匀，再加入蛋黄继续搅拌均匀，完成蛋黄糊，备用。

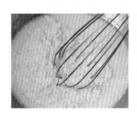

Step 4 将空气炸锅以180℃预热5分钟。

Step 5 打发蛋白。取一个容器放入蛋白，将细砂糖分3次加入，以电动打蛋器打发至蛋白呈现小尖钩状态，完成蛋白霜。

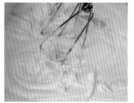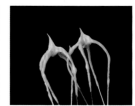

Step 6 先挖1/3蛋白霜放到步骤3的蛋黄糊内拌匀，再将拌好的蛋黄糊倒入剩下的蛋白霜中切拌均匀，即完成蛋糕糊。

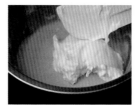

Step 7 准备一个6寸（1寸=3.33厘米）活动蛋糕模，将蛋糕糊倒入约八分满。

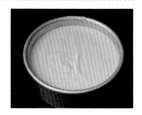

Step 8 铺上苹果片，放入炸篮中，先以150℃炸20分钟，取出，盖上锡箔纸再继续炸，再以160℃炸10分钟，最后闷5分钟就完成了。

Tips1 盖上锡箔纸再继续气炸，避免蛋糕表面烤焦。

Tips2 坚果类与水果类的气炸温度，记得不要超过160℃。

气炸可乐饼

我会在空闲时，一次做好一些可乐饼放在冰箱里冷冻保存，
想吃就可直接取出气炸一下，快速完成！

材料

〔洋葱土豆泥〕

* 土豆（削皮切片）…… 2个，约400g

* 盐 …… 1/4茶匙

* 牛奶 …… 160g

* 无盐黄油 …… 20g

* 帕玛森芝士粉 …… 20g

* 橄榄油 …… 适量

* 洋葱（切末）…… 半个

* 猪绞肉 …… 60g

❶ 180℃　5分钟
❷ 200℃　3分钟

〔可乐饼〕

☆ 低筋面粉 …… 适量

☆ 蛋液 …… 3个量

☆ 炒过的面包粉 …… 适量

做法

Step 1　制作洋葱土豆泥。取一个耐热容器，放入土豆片、盐、牛奶，放入电锅内，在外锅倒1.5杯水（材料分量外）蒸熟。

Step 2　土豆蒸熟后，加入无盐黄油和帕玛森芝士粉，用搅拌器打成泥状备用。

Step 3　准备一个炒锅，先加少许橄榄油，再放入洋葱末和猪绞肉，炒熟后加入步骤2的土豆泥搅拌均匀，就完成了。

Step 4　将土豆泥以每份70g的分量分成约6份。先用手捏成圆球状，再稍微压成厚片状。

Step 5　将每份土豆泥依照低筋面粉、蛋液、面包粉的顺序沾裹，制作成可乐饼。

Step 6　把可乐饼放入炸篮中，先以180℃炸5分钟，取出翻面，再以200℃炸3分钟，就完成了。

Dessert　空气炸锅点心

蜜汁腰果

腰果加蜂蜜炸一下，就会有像糖葫芦般的蜜糖外皮，超涮嘴。
当作外出小点心或是宅在家追剧的零食，都很适合。

1 160℃ 10分钟

2 160℃ 5分钟

材料

* 生腰果 …… 200g
* 盐 …… 2g
* 蜂蜜 …… 30g

做法

Step 1 先将生腰果用水清洗一下，用厨房纸巾擦干，再撒上盐拌匀。

Step 2 将腰果放入炸篮中，以160℃炸10分钟（这10分钟内可以不定时地拉出来搅拌一下）。淋上蜂蜜拌匀，让每颗腰果都沾满蜂蜜，再炸5分钟就完成了。

TIPS1 气炸完成时，可将腰果平铺在烘焙纸上或容器内，静置冷却。冷却后的蜂蜜气味才会更加明显。

TIPS2 坚果类与水果类的气炸温度，记得不要超过160℃。

DAY 96

奶油酥条

普通的吐司，经过空气炸锅的加持后，也能让人眼睛一亮。
简简单单、酥酥脆脆，甜蜜蜜的滋味，平凡就是幸福。

① 160℃　10分钟
② 160℃　5分钟

材料

* 厚片吐司 …… 2片
* 无盐黄油 …… 30g
* 砂糖 …… 适量

做法

Step 1　将厚片吐司切成长条状，约可切成8条。

Step 2　将无盐黄油微波或隔水加热熔化。

Step 3　吐司条刷上无盐黄油后，再撒上适量的砂糖。

Step 4　将吐司条放入炸篮中，以160℃炸10分钟，取出翻面。接着再气炸5分钟，最后5分钟，每分钟都要取出翻面一次，让吐司四面受热均匀。

葡式蛋挞

利用现成酥皮，加上自己的特调布丁液，
快速完成大人小孩都喜欢的多层次酥皮蛋挞。
这道秒杀点心，冰冰地吃也很好吃哦！

材料

* 冷冻酥皮…… 4片
* 鸡蛋液…… 1个量
* 蛋黄液…… 1个量
* 细砂糖…… 40g
* 牛奶…… 80g
* 动物鲜奶油…… 80g

❶ 180℃ 3分钟
❷ 160℃ 25分钟

做法

Step 1 将冷冻酥皮取出，在室温稍微放软后，于每
片酥皮上刷点水。

Step 2 将4片酥皮一片接一片
放好，再卷成柱状。

Step3 把起酥卷以约1cm的长度，切成小段，约可切
10个。

Step4 将起酥卷压扁，再用擀面棍擀成片状，放入铝箔杯（上直径8cm，底直径4.8cm）中，调整一下形状，放入冰箱冷藏备用。

Step5 取一个容器，先放入鸡蛋液、蛋黄液、细砂糖搅拌均匀，再倒入牛奶拌匀，最后加入动物鲜奶油拌匀，布丁液就完成了。

Step6 将布丁液以筛网过筛一次，可以让口感更为细腻。

Step7 将布丁液倒入步骤4的铝箔杯里，8~9分满。

Step8 先将炸篮以180℃预热3分钟，再放入蛋挞，以160℃炸25分钟，就完成了。

蝴蝶酥

这个用酥皮做成的蝴蝶酥，
超简单、超好吃，却也超邪恶，
小心一吃就停不下来！

1 180℃   8分钟
2 180℃   7分钟

材料

* 冷冻酥皮 …… 3片
* 水 …… 适量
* 细砂糖 …… 适量
* 面粉 …… 少许

做法

Step1 将冷冻酥皮取出，在室温稍微放软后，在第一片酥皮上刷点水、撒上细砂糖，盖上第二片酥皮，一样刷水撒糖后，放上第三片酥皮。

Step2 在酥皮表面撒点面粉，稍微擀压一下，让3片酥皮更密合。

Step3 将酥皮先从左右两边往内折入，再对折成条状，放入冰箱冷冻10分钟，方便切块。

Step4 将酥皮以约1cm的宽度，切成约12块。

Step5 将每块酥皮双面沾糖后，放入炸篮中，以180℃炸8分钟，取出翻面，再炸7分钟就完成了。

TIPS1 酥皮气炸过后会长大长胖，注意别放太密，可以分成两次炸。

TIPS2 可以依个人喜好变换口味，将细砂糖改成花生酱或巧克力酱，也很好吃。

DAY
99

芋头酥

只要会做芋泥，就能自行搭配创造出很多变化，
除了可以做成这道芋头酥外，
还可以做成p.80的香酥芋头鸭哦！

材料

* 冷冻酥皮 …… 适量
* 鸡蛋 …… 1个

〔芋泥馅〕

☆ 芋头（去皮切块）…… 300g
☆ 砂糖 …… 70g
☆ 无盐黄油 …… 30g
☆ 牛奶 …… 30g

200℃   10分钟

做法

Step1 制作芋泥。将芋头去皮切块后放入电锅（内锅不用加水）中，外锅倒入1.5米杯水蒸熟（水量可视芋头的状况增减）。完成后趁芋头还热的情况下加入砂糖、无盐黄油和牛奶，用料理机或果汁机搅打成均匀泥状即可。

Tips1 芋头蒸完后，可用筷子测试一下，如果能轻松穿透芋头，就代表熟了，若觉得不够松，外锅加半米杯水再蒸一次。

Tips2 没用完的芋泥可以放于冰箱冷冻室保存，并在3个星期内用完。

Tips3 这个食谱的芋泥分量可做成20～30个芋头酥，可一次制作好放在冷冻室保存。

Step2 将冷冻酥皮放在室温软化3～5分钟，分切一半，放上适量的芋泥再对折包起，用手指按压两侧让酥皮密合。

Step3 用叉子在两边压出凹痕，变化造型。

Step4 将芋头酥放入铺有烘焙纸的炸篮中，再刷上一层蛋液，以200℃炸10分钟，不用翻面，完成。

起酥三文鱼

像面包的起酥三文鱼超级赞，当作早餐或点心都是最佳选择。
没试过你会后悔！好吃到上天堂了！
绝对让你停不下来。

200℃ 8~10分钟

材料

* 冷藏三文鱼（切小块）…… 约10块
* 冷冻酥皮 …… 5片
* 海盐 …… 适量
* 黑胡椒粉 …… 适量
* 鸡蛋 …… 1个
* 黑芝麻 …… 适量

做法

Step 1　将冷冻酥皮放在室温软化3~5分钟，分切一半。

Step 2　在三文鱼块表面撒上海盐、黑胡椒粉，再放在酥皮上卷起。

Step 3　将起酥三文鱼放入铺有烘焙纸的炸篮中，再刷上一层蛋液，撒上黑芝麻，以200℃炸8~10分钟，不用翻面，就完成了。

原书名：爱上气炸锅100天

作者：人爱柴

本书通过四川一览文化传播广告有限公司代理，经采实文化事业股份有限公司授权出版中文简体字版。

©2021，辽宁科学技术出版社。

著作权合同登记号：第06-2020-135号。

图书在版编目（CIP）数据

爱上空气炸锅100天 / 人爱柴著. —沈阳：辽宁科学技术出版社，2022.1

ISBN 978-7-5591-2203-2

Ⅰ.①爱… Ⅱ.①人… Ⅲ.①油炸食品—食谱 Ⅳ.①TS972.133

中国版本图书馆CIP数据核字（2021）第170370号

出版发行：辽宁科学技术出版社
　　　　　　（地址：沈阳市和平区十一纬路25号　邮编：110003）
印 刷 者：辽宁新华印务有限公司
经 销 者：各地新华书店
幅面尺寸：170mm×240mm
印　　张：12
字　　数：250千字
出版时间：2022年1月第1版
印刷时间：2022年1月第1次印刷
责任编辑：朴海玉
版式设计：袁　舒
封面设计：袁　舒
责任校对：尹　昭　王春茹

书　　号：ISBN 978-7-5591-2203-2
定　　价：58.00元

联系电话：024-23284367
邮购热线：024-23280336